本书受国家重点研发计划项目（2018YFA0902400）资助

普通高等院校“十四五”规划实验室安全与操作规范系列特色教材

生命科学实验室安全与操作规范

（第2版）

主　编　苏　莉　白　云　曾小美

副主编　卢群伟　刘亚丰　谢志雄

编　委　（按姓氏拼音排序）

白　云(华中科技大学)
陈　凯(华中科技大学)
陈雪敏(华中科技大学)
郭　铭(武汉大学)
郭小华(中南民族大学)
胡友民(华中科技大学)
金文闻(华中科技大学)
寇逸群(华中科技大学)
雷　敏(华中科技大学)
廖兴华(武汉科技大学)
刘　斌(华中科技大学)
刘佳新(华中科技大学)
刘亚丰(华中科技大学)
卢群伟(华中科技大学)
陆　婕(华中科技大学)
罗　云(华中科技大学)
马耀坤(康圣环球基因技术有限公司)
齐迎春(华中农业大学)
祁淑红(华中科技大学)
阮梅林(华中科技大学)
石志军(华中科技大学)
苏　莉(华中科技大学)
孙　明(华中农业大学)
孙　悦(宁夏大学)
王　珍(华中科技大学)
夏炎枝(华中科技大学)
谢　浩(武汉理工大学)
谢志雄(武汉大学)
宜原原(华中科技大学)
曾小美(华中科技大学)
张海谋(湖北大学)
张　俭(武汉国家生物产业基地)
张　宁(华中科技大学)
张耀文(华中科技大学)
赵宏宇(内蒙古科技大学)
朱圆敏(华中科技大学)

中国 · 武汉

内 容 简 介

本书是普通高等院校“十四五”规划实验室安全与操作规范系列特色教材。

本书共八章，包括生命科学实验室基本安全知识、生命科学实验室常用仪器安全操作规范、实验材料安全与操作规范、生物化学试剂安全使用规范、实验室安全事故预防与应急处理、病毒学实验室生物安全与操作规范、合成生物学实验室生物安全与生物安保操作规范、网络安全意识与保护。

本书可作为生命科学相关专业学生实验安全培训的教材，也可作为生命科学实验室工作人员的参考书。

图书在版编目(CIP)数据

生命科学实验室安全与操作规范 / 苏莉，白云，曾小美主编. -- 2 版. -- 武汉 ：华中科技大学出版社，2024. 6. -- ISBN 978-7-5772-1153-4

Ⅰ. Q1-65

中国国家版本馆 CIP 数据核字第 20242N79Y5 号

生命科学实验室安全与操作规范(第 2 版)　　苏　莉　白　云　曾小美　主编

Shengming Kexue Shiyanshi Anquan yu Caozuo Guifan(Di 2 Ban)

策划编辑：罗　伟

责任编辑：方寒玉　张　琴

封面设计：原色设计

责任校对：朱　霞

责任监印：周治超

出版发行：华中科技大学出版社(中国・武汉)　　电话：(027)81321913

武汉市东湖新技术开发区华工科技园　　邮编：430223

录　　排：华中科技大学惠友文印中心

印　　刷：武汉科源印刷设计有限公司

开　　本：787mm×1092mm　1/16

印　　张：10

字　　数：248 千字

版　　次：2024 年 6 月第 2 版第 1 次印刷

定　　价：49.80 元

普通高等院校“十四五”规划实验室安全与操作规范系列特色教材

丛书编委会

网络增值服务

使用说明

欢迎使用华中科技大学出版社教学资源网

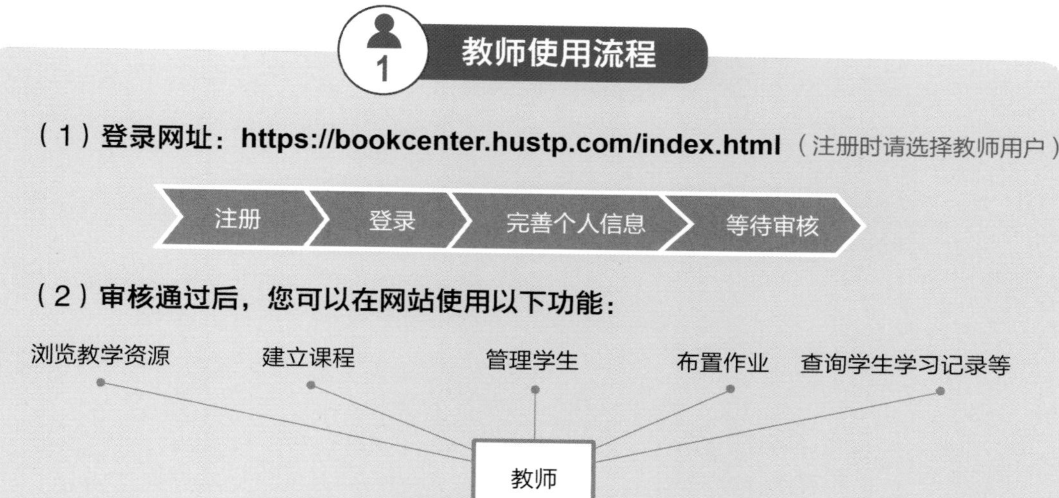

学生使用流程

（建议学生在PC端完成注册、登录、完善个人信息的操作）

（1）PC端学生操作步骤

① 登录网址：https://bookcenter.hustp.com/index.html（注册时请选择普通用户）

② 查看课程资源：（如有学习码，请在个人中心-学习码验证中先验证，再进行操作）

（2）手机端扫码操作步骤

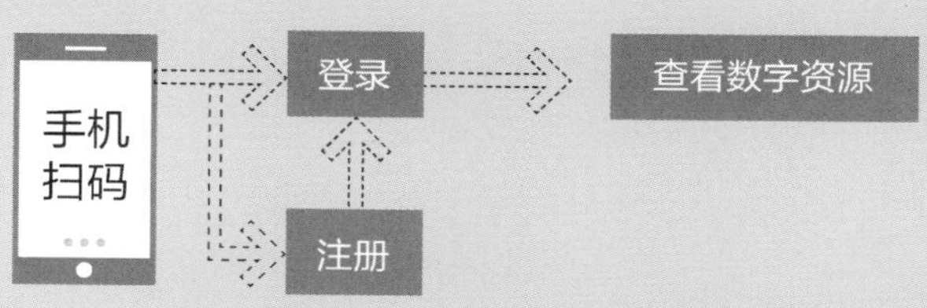

总序

高等院校实验室安全，与教学、科研、大学排名相比，孰轻孰重？毫无疑问，安全永远居第一位。对于大学而言，安全是1，教学、科研、大学排名、专业排名、出人才、出成果等均是1后面的0。对于大学师生来说，也是一样，安全与健康是人生的1，家庭、事业、地位、成就等，是1后面的0。若1不存在了，后面的0就是空，只有有了前面的1，后面的0才有意义。1乃生命之树，0乃树上之花，树若不在，花何以存？！

然而，知易行难。

2018年12月，北京某大学环境工程实验室进行垃圾渗滤液污水处理实验时发生爆炸，事故造成3人死亡。2016年9月，位于松江大学园区的某大学化学化工与生物工程学院一实验室发生爆炸，2名学生受重伤。2015年12月，北京某大学1名博士后在实验室内使用氢气做化学实验时发生爆炸，不幸遇难。2015年4月，位于徐州的某大学化工学院一实验室发生爆炸事故，多人受伤，1人死亡。2012年1月佛罗里达大学一实验室发生爆炸，1名博士生面部、手部和身体严重烧伤。2010年1月，美国得克萨斯理工大学化学与生物化学实验室发生爆炸，1名学生失去3根手指，手和脸部被烧伤，1只眼睛被化学物质灼伤。2010年，东北某大学师生在实验中使用了未经检疫的山羊，导致27名学生和1名教师陆续确诊布鲁菌病。2009年，浙江某大学化学系教师误将本应接入307室的CO气体通入211室的输气管，导致1名学生中毒死亡。

惨痛的事故教训表明，98%的实验室安全事故是“人的不安全行为”引发的，包括相关的领导和实验人员的不重视、安全管理松松垮垮、安全知识学习不认真、安全培训不扎实、安全防范不到位等。所以，对于高校的各级领导和教职工来说，不顾及、不重视实验室安全工作，就等于“谋财害命、违法犯罪”，其所谓的教学科研不仅无益于人才培养，反而悖逆教育宗旨、祸害学生、贻害社会。对于高校的学生来说，不顾及、不重视安全及风险防范的实验工作，就等于“自害自杀”，害己害家，这不是勇敢，而是鲁莽、草率和不负责任。每一名因事故受伤害的师生，都牵连着一个或多个家庭的幸福与未来；每一桩安全事故，都会造成社会大众对高校内部治理能力的质疑与高校社会形象的巨大贬损。

实验室安全，责任如山；安全无小事，责任大如天。最大限度消除“人的不安全行为”，最大限度保障实验室安全，涉及许多方面的工作，也是见仁见智。最基础的共性工作肯定离不开安全知识的学习、安全操作规范的培训，以及制度保障和软硬件支撑条件保障等。华中科技大学在实验室安全管理方面，近几年来不断提高认识，加强安全管理能力建设，构建了“1-3-3”安全管理模式，即一项认识、三项保障（组织保障、队伍保障、制度保障）、三个抓手（风险一口清、软硬件支撑条件建设、预防工作），积累了一些安全管理经验，也取得了一些成绩，学校实验室安全管理总体处于较好状态。这其中，有华中科技大学校领导的大力支持、关心和指导，有实验室与设备管理处同志们的积极钻研、主动作为、默默奉献，更有各学院的书记、院长、安全员、实验室主任和其他教职工的明确责任、转变观念、履职尽责。

安全管理,没有最好,只有更好,永远在路上。为了进一步提高大学实验室安全管理水平,在校领导的支持下,华中科技大学实验室与设备管理处与华中科技大学出版社合作,组织部分院系专家分学科编写实验室安全与操作规范,并力争形成系列丛书,为各个学科的实验室安全知识学习及操作规范培训提供教材。本丛书的特点包括突出学科性,紧密结合学科实验实际,重视安全操作基本规范的教育,图文并茂。

感谢华中科技大学化学与化工学院、基础医学院、药学院、环境科学与工程学院、电气与电子工程学院、机械科学与工程学院、材料科学与工程学院、物理学院、公共卫生学院等学院领导和专家的辛勤付出。他们在工作之余,加班加点、尽心竭力,才使得这套丛书顺利出版。在这套丛书策划与组织编写的过程中,出版社傅蓉书记、王连弟副社长给予了大力支持和指导,在此一并表示感谢。

期待这套实验室安全丛书的出版能够助力包括华中科技大学在内的全国高等院校实验室安全管理再上新台阶!祝愿全国实验室天天平安、年年平安、人人平安!

李震彪

华中科技大学实验室与设备管理处原处长

前言

生命科学实验室是高等院校生命科学相关专业师生进行教学实践、科学研究的重要场所，是训练和提升学生实验技能和科研创新能力的基地，在科学研究和人才培养中发挥重要作用。生命科学实验室种类多样、功能繁多，集中了许多具有潜在危险性的仪器设备、化学材料和生物材料等，例如高压灭菌锅、离心机、高压气瓶、易燃易爆危险品、腐蚀性化学试剂、生物药品和病原微生物等。实验事故的发生通常是因为实验操作人员缺乏基本安全知识、实验操作不规范。随着个性化人才培养的普及，实验室开放管理已成常态，但给安全管理带来的风险越来越大。加强实验室使用者对实验室基本安全知识的学习、强化实验室人身安全和财产安全以及环境安全教育、了解和掌握常用仪器设备基本性能和操作规范、充分了解生物化学试剂和生物材料的种类和特性及安全使用，可有效防范和杜绝实验事故的发生，保障人才培养和科学研究的顺利进行。

本书在内容选择上，以生命科学基础实验、开放性自主实验以及科学研究活动为对象列举安全规范实验相关素材，针对实验过程中易发生的安全事故隐患及防范措施进行分类陈述，力求将实验室安全教育与实验技能培养以及良好的科研素养紧密结合。全书共八章，包括生命科学实验室基本安全知识、生命科学实验室常用仪器安全操作规范、实验材料安全与操作规范、生物化学试剂安全使用规范、实验室安全事故预防与应急处理、病毒学实验室生物安全与操作规范、合成生物学实验室生物安全与生物安保操作规范、网络安全意识与保护。本书充分应用了虚拟仿真等信息化手段，图文并茂，通俗易懂，配备数字和网络教育资源，既有利于提高从事生命科学实验教学、科学研究和相关管理人员的安全素质、预防事故发生和应急处理能力，又有利于培养学生严谨的实验习惯以及形成良好的实验室安全文化。学生可以通过扫描二维码进入虚拟仿真共享平台进行自主学习、自我测验及评价。

本书受国家重点研发计划项目(2018YFA0902400)资助。本书编者均为参与实验教学与实验室管理的一线骨干教师和实验技术人员，包括多年从事生命科学实验室安全教育的教师和科学研究的资深学者，具有丰富的科学研究、实验教学与实验室管理经验。由于编者水平和编写时间有限，书中难免存在疏漏和不妥之处，恳请广大师生、科研人员和实验室工作人员批评指正。

编　者

增值服务

华中科技大学国家级虚拟仿真实验教学中心，设计开发了虚拟仿真共享平台，包括显微镜仿真操作实验、高压蒸汽灭菌仿真操作实验、超声波破碎仪仿真操作实验、冷冻干燥机仿真操作实验等多个常用仪器类或技术类虚拟仿真实验，通过账号和密码登录该平台，可进行相关实验项目的虚拟仿真操作。

虚拟仿真共享平台采用C/S结构，首次登录该共享平台，需下载客户端应用程序，具体操作如下：

（1）在计算机上打开网页浏览器，在地址栏输入 http://lifelab.hust.edu.cn/xnfz/gxpt.htm，并回车，则登录虚拟仿真共享平台页面。

（2）在页面点击“客户端下载”按钮，下载生物技术综合设计虚拟仿真系统客户端程序。

（3）下载完成后，解压该客户端程序。

（4）双击“huakexunipingtaiV6.exe”文件，系统登录界面弹出。

（5）根据网站提供的免费账号（用户名：temp01；密码：123456）登录应用系统。

（6）在屏幕上端点击“模块化技术”按钮进入仪器类或技术类虚拟仿真实验。

（7）点击所需虚拟操作的实验开始操作。

目录

第1章 生命科学实验室基本安全知识

扫码看课件

在探索生命的奥秘时，实验室成为了科学家们的圣地。这里，每一次实验都可能孕育着突破性的发现，每一次观察都可能揭示自然界的奥秘。然而，实验室工作的高风险也不容忽视。安全事故不仅会威胁实验室工作者的生命健康，还可能导致环境污染和生物安全等问题。因此，掌握实验室基本安全知识和操作规范，对于每一位实验室工作者来说，都是至关重要的。

本章将从生命科学实验室分类及基本安全知识入手，依次介绍生命科学实验室用水安全、用电安全、用气安全、声安全和光安全方面的内容。我们希望通过这一章的学习，读者能够建立起实验室安全意识，认识到预防安全事故的重要性，并掌握必要的安全操作技能。

1.1 生命科学实验室分类及基本安全知识

1.1.1 生命科学实验室分类

与生命科学研究、教学和生产相关的实验室分级通常分为一级屏障(primary barrier)和二级屏障(secondary barrier)。一级屏障也称一级隔离，是操作对象和操作者之间的隔离，例如生物安全柜、个体防护装备等。生物安全柜(国家标准号:GB 41918—2022)是一种防止实验操作处理过程中某些含有危险性或未知性生物微粒发生气溶胶逸散的箱型空气净化负压安全装置，是实验室生物安全中一级屏障中最基本的安全防护设备。个体防护装备按照身体部位分为呼吸防护装备、眼面部防护装备、躯干四肢防护装备和手部足部防护装备，所使用的装备有帽子、面罩、眼罩、眼镜、口罩、手套、裤、鞋套、靴、袜、防护衣、正压服等。二级屏障也称二级隔离，是生物安全实验室和外部环境的隔离。二级隔离的防护能力取决于实验室分区和定向气流，按实验因子污染的概率把实验室分为洁净、半污染和污染三个区。实验室配备有符合国家技术规定的设施结构、通风空调系统、给水排水系统、电气和控制系统等。

按照《实验室　生物安全通用要求》(GB 19489—2008)，根据实验室内可能产生的生物危害等级以及对所操作生物因子采取的防护措施，将实验室生物安全防护水平分为 BSL(Biological Safety Level)-1～BSL-4 实验室或 P(Physical Protection Level)1～P4 实验室四个等级，见表 1.1.1。这些等级的划分主要是为了确保实验室工作者、环境以及公共安全得到有效保护。实验室等级越高，防护水平越高。

1. BSL-1 实验室(P1 实验室)　用于教学和基础研究活动。适用于进行不太可能引起人或动物致病的微生物等相关实验操作，操作人员应遵循优良微生物操作技术(Good Microbiological Techniques,GMT)。在此类实验室从事生命科学相关教学和科研活动时，使

表 1.1.1 生物安全防护水平分级

实验室分级	处理对象	危险等级
BSL-1/P1	对人体和环境危害较低,不会引发健康成人患病	Ⅰ级/四类
BSL-2/P2	对人体和环境有中等危害或具有潜在危险的致病因子	Ⅱ级/三类
BSL-3/P3	主要通过呼吸道途径使人感染严重的甚至是致命疾病的致病因子。通常有预防和治疗措施	Ⅲ级/二类
BSL-4/P4	对人体有高度危险性、通过气溶胶途径传播或传播途径不明的微生物。尚无预防和治疗措施	Ⅳ级/一类

用者或实验动物不会生病,危险性较小,可以使用开放实验台。例如从事与枯草芽孢杆菌、大肠杆菌等相关的教学或科研活动。

2. BSL-2 实验室(P2 实验室) 用于初级卫生服务、疾病诊断和科学研究。适用于进行对人和环境有中度潜在危险的病原体相关实验操作,操作人员应遵循微生物操作技术规范并穿戴防护服,实验室入口有明确的生物危害标志。P2 实验室疾病传播的危险有限,对实验室使用者以及实验动物感染具备有效的预防和治疗措施,不易导致严重危害。在此类实验室进行相关实验操作时,非实验人员限制进入实验区域。例如从事乙肝病毒、沙门菌、血源病原体等的科学研究活动。

3. BSL-3 实验室(P3 实验室) 用于特殊病原体的诊断和研究。适用于进行通常能引起人或动物严重疾病的病原体相关实验操作,疾病传播的危险有限,对其感染具备有效的预防和治疗措施。在此类实验室进行相关实验操作时,非准许人员禁止入内。例如从事 SARS 病毒、HIV、病毒性出血热、病毒性脑炎、脊髓灰质炎病毒、禽流感病毒等的科学研究活动。

4. BSL-4 实验室(P4 实验室) 用于危险病原体研究。适用于进行通常能引起人或动物严重疾病的病原体相关实验操作,开展对人体具有高度危险性、通过气溶胶途径传播或传播途径不明、目前尚无有效的疫苗或治疗方法的致病微生物及其毒素的研究。典型的 BSL-4 实验室由更衣区、过滤区、缓冲区、消毒区和核心区组成,在实验室的四周装有高效空气过滤器。进行相关实验操作时,非准许人员严禁入内。例如从事埃博拉病毒、无名病毒等的科学研究活动。

1.1.2 生命科学实验室的规则制度

实验室规则制度是防止事故发生、人员伤亡、设备损毁以及家庭、社会和国家因此而蒙受重大损失的保障。学习实验室规则制度是保证人身安全的基本需要,是对人生命的敬畏和保证,是达到学习、研究、实验等目的的前提,可避免或减少灾害、保护环境。世界卫生组织颁布的《世界卫生组织实验室生物安全手册》是被广泛认可的实验室生物安全指南,但是不具有法律约束力。我国的国家标准化管理委员会针对生命科学实验室颁布了一系列国家技术标准,例如《实验室　生物安全通用要求》(GB 19489—2008)、《生物安全实验室建筑技术规范》(GB 50346—2011)、《病原微生物实验室生物安全通用准则》(WS 233—2017)、《人间传染的病原微生物目录》(2023 版)、《可感染人类的高致病性病原微生物菌(毒)种或样本运输管理规定》(WS 第 45 号 2005)、《实验动物 动物实验生物安全通用要求》(GB/T 43051—2023)等。2020 年 10 月 17 日,中华人民共和国第十三届全国人民代表大会常务委员会第二十二次会议通过了《中华人民共和国生物安全法》,自 2021 年 4 月 15 日起施行。《中华人民共和国生物安全法》系统梳理、全面规范各类生物安全风险，明确生物安全风险防控体制机制和基本制度，填补了生物安全领域法律空白，有利于保障人民生命安全和身体健康、维护国家安全、提升国家生物安全治理能力以及完善生物安全法律体系。

《中华人民共和国生物安全法》包括生物安全风险防控体制，防控重大新发突发传染病、动植物疫情，生物技术研究、开发与应用安全，病原微生物实验室生物安全，人类遗传资源与生物资源安全，防范生物恐怖与生物武器威胁，生物安全能力建设以及法律责任等具体内容，是生物安全领域的一部基础性、综合性、系统性、统领性法律，体现了国家有效防范和应对危险生物因子及相关因素威胁，生物技术稳定健康发展，人民生命健康和生态系统相对处于没有危险和不受威胁的状态，生物领域具备维护国家安全和持续发展的能力。其适用于：①防控重大新发突发传染病、动植物疫情；②生物技术研究、开发与应用；③病原微生物实验室生物安全管理；④人类遗传资源与生物资源安全管理；⑤防范外来物种入侵与保护生物多样性；⑥应对微生物耐药；⑦防范生物恐怖袭击与防御生物武器威胁；⑧其他与生物安全相关的活动。

1.1.3 生命科学实验室常用个体防护装备

与生命活动相关的生物实验室个体防护装备(personal protective equipment，PPE)是防止个体受到生物性、化学性或物理性等危险因子伤害的器材和用品，属于物理屏障。根据所涉及的防护部位，例如眼睛、头面部、躯体、手、足、耳(听力)、呼吸道等，相应的防护装备有眼镜(安全眼镜、护目镜)、听力保护器、口罩、面罩、防毒面具、帽子、防护衣(实验服、隔离衣、连体衣、围裙等)、手套、鞋套等。2021年11月，市场监督管理总局办公厅、应急管理部办公厅印发《个体防护装备标准化提升三年专项行动计划(2021—2023年)》指导性文件，规范了个体防护装备的国家标准。

1. 眼睛防护 安全眼镜和护目镜：在从事所有易发生潜在眼睛损伤(由物理、化学和生物因子引起)的生命科学实验室工作时，必须采取眼睛防护措施，所选用的眼睛防护装备的类型取决于外界危害因子对眼睛的危害程度。大多数情况下，佩戴侧面带有护罩的安全眼镜能够保护实验室工作者不受到大部分实验室操作所带来的损害。在进行有可能发生化学和生物污染物质溅出的实验时，必须佩戴护目镜。建议在生命科学实验室工作时不配戴隐形眼镜且不得戴眼镜防护装备离开实验室区域。

洗眼装置：如发生腐蚀性液体或生物危害液体喷溅至眼睛时，应该在就近的洗眼台(洗眼装置)用大量缓流清水冲洗眼睛表面至少15 min。事后必须立即填写事故报告单并立即报告主管人员。

2. 头面部防护

(1) 普通口罩：可以保护部分面部免受生物危害物质如血液、体液、分泌液以及排泄物等喷溅物的污染，适合在BSL-1或BSL-2实验室中使用。

(2) 一次性使用医用口罩：执行标准为YY/T 0969—2013，通常由无纺布制成，可以阻挡鼻腔和口腔的分泌物污染。

(3) 医用防护口罩(KN95)：执行标准为GB 19083—2010，能有效过滤掉95%以上的非油性颗粒物。

(4) 医用外科口罩：执行标准为YY 0469—2011，适合在可能接触到经空气传播的呼吸道传染病的场合使用。

(5) 面罩：包括一次性隔离面罩、一次性医用面罩、医用隔离面罩等类型。

(6) 防护帽:在生命科学实验室中佩戴简易防护帽可以保护工作者的头部(头发)避免化学和生物危害物质飞溅所造成的污染,例如一次性无纺布医用防护帽。

3. 呼吸防护 防护面具(正压面罩、个人呼吸器等):当实验室操作不能安全有效地将气溶胶限定在一定的范围内时,要求使用呼吸防护装备。在进行高度危险性的操作(如清理溢出的感染性物质和气溶胶)时,可以采用防护面具来进行防护,且需根据危险类型来选择防护面具类型。

4. 手部防护 手套应在实验室工作时使用。手套应符合舒适、灵活、牢固、耐磨、耐扎、耐撕的要求,并应对实验中涉及的危险提供足够的防护。在接触血液、体液、分泌液、渗出液以及接触黏膜和非完整皮肤时,必须使用合适的手套以保护工作者不受到污染物溅出或生物污染的事故所造成的损害。

规范使用手套的要点如下。

(1) 手套的选择:生命科学实验室一般使用乳胶、丁腈类、聚乙烯或聚氯乙烯手套以避免实验者受到强酸、强碱、有机溶剂和生物危害物质的损害。

(2) 手套的检查:在使用手套前应该检查手套是否褪色、穿孔(漏损)或有裂缝。可以通过充气试验,将其浸入水中观察是否有气泡来检查手套的质量。

(3) 手套的使用:在 BSL-1 和 BSL-2 实验室,通常佩戴一副手套即可,若在生物安全柜或 BSL-3 实验室中操作感染性物质,应佩戴两副手套。在操作过程中,若外层手套被污染,应立即用消毒剂喷洒手套后脱下,丢弃在生物安全柜中的高压灭菌袋里,并立即戴上新手套继续实验。手套应完全遮住手及腕部,如必要可覆盖实验服衣袖。

(4) 手套的清洗和更换:使用一次性手套,不可重复使用。使用一次性手套操作感染性生物材料后,需立即进行高压灭菌、消毒,然后丢弃。工作者在完成感染性物质实验、离开生物安全柜之前,应该脱去外层手套丢入生物安全柜中的高压灭菌袋中,然后用消毒液喷洗内层手套。若手套被污染,应该尽早脱下,消毒后丢弃。不得戴着手套离开实验室区域。

(5) 避免手套“触摸污染”:在实验过程中,尤其是在 BSL-2 和 BSL-3 实验室操作过程中,不能戴着手套触摸门把手、按电灯开关、接听电话等。避免用戴手套的手触摸鼻子、面部或调整其他个人防护装备(如眼镜等)。如果手套撕破应该脱去,在换戴新手套前应清洗手部,并尽量不去触摸工作台面和其他物品。

洗手:在实验室应安装洗手池,或者配置一个酒精擦手器。洗手是一种减少有害物质暴露的有效措施,要经常洗手。在处理活体病原材料或动物等生物危害物质后,应立即洗手。在脱去手套之后和离开实验室之前,均要洗手。在脱卸个人防护装备时发生手部可见的污染时,洗手后再继续脱卸个人防护设备。洗手一般用肥皂和水或使用酒精擦手器。

5. 身体防护 淋浴装置和应急消毒喷淋装置:按国家规定,BSL-2 实验室在必要时应有应急喷淋装置;BSL-3 实验室应设置淋浴装置(清洁区),必要时在半污染区设置应急消毒喷淋装置。要求:保持管道的通畅,必须告知工作者应急消毒喷淋装置的摆放位置,培训其操作方法。

防护服:包括实验服、隔离衣、连体衣、围裙以及正压防护服等。在实验室中,工作者应该一直穿着防护服。清洁的防护服应放置在专用存放处,污染的防护服应放置在有标志的防漏消毒袋中,每隔适当的时间应更换防护服以确保清洁。当防护服已被危险材料污染后应立即更换。离开实验室区域前应脱去防护服。

防护服使用注意事项：①实验服（BSL-1 实验室）前面应该能完全扣住。②隔离衣和连体衣（BSL-2 和 BSL-3 实验室）比实验服更适合在微生物实验室以及生物安全柜中使用。③当有可能发生危险物质（血液或培养液等化学或生物危害物质）喷溅到工作者身上时，应该在实验服或隔离衣外面再穿上塑料高颈保护的围裙。④禁止在实验室中穿短袖衬衫、短裤或短裙等。

6. 足部防护 在实验室中存在物理、化学和生物危险因子的情况下，穿合适的鞋子和鞋套或靴套，可以防止实验者足部（鞋袜）受到损伤。在 BSL-2 和 BSL-3 实验室要坚持穿鞋套或靴套，在 BSL-3 和 BSL-4 实验室要求穿专用鞋。禁止在生命科学实验室中穿凉鞋、拖鞋等露出部分足部的鞋。

1.1.4 生命科学实验室基本安全知识

在生命科学实验室从事教学和科学研究活动时，均需学习和掌握相关基本安全知识，以保障工作者和研究者以及实验动物和实验环境的安全。

(1) 明确实验室安全工作原则：以人为本、安全第一、预防为主、教育为先。

(2) 只能进行实验室安全级别规定范围内的实验内容，不能进行任何超过实验室安全级别的实验。

(3) 办公区和实验区须严格区分，不在实验室内存放任何与实验无关的物品。

(4) 禁止无关人员随意进出实验室。

(5) 实验时须穿实验服、戴专用手套，离开实验室时将实验服、专用手套脱下。实验服不得与其他衣服混放或混洗。

(6) 实验药品须贴好标签、分类存放，使用后放回原处。

(7) 实验用微生物须按要求规范保存。

(8) 严禁将药品和器材带出实验室。

(9) 实验室内不得吃东西，且禁止使用实验室冰箱存放食物和饮料等物品（图 1.1.1）。

(10) 定期安排人员打扫实验室卫生，及时清除实验废品，保持实验室洁净。

(11) 消防器材须放在显眼位置，不得挪作他用。

(12) 保障安全通道畅通，不得在安全通道放置任何杂物。

图 1.1.1 实验室冰箱安全使用注意事项

注：禁止使用实验室冰箱存放食物和饮料等物品。

1.2 生命科学实验室用水安全

1.2.1 生命科学实验室用水分类

在生命科学实验室中,水常用来配制溶液、维持需水仪器的正常运行、清洗实验器皿等。按照水的纯度由低到高的顺序,水可分为蒸馏水、双蒸水、去离子水和超纯水。实验过程中应根据具体实验内容和需求选取合适纯度的水作为实验用水。实验室用水标准可参照《分析实验室用水规格和试验方法》(GB/T 6682—2008),以保障实验结果的准确和仪器设备的安全。

(1) 蒸馏水是通过蒸馏装置从溶解的固体或其他物质中分离制备的,不含电解质、游离离子和杂质。常用于化学试剂的配制、实验器皿的清洁、某些仪器的运行维护等。

(2) 双蒸水是经过两次蒸馏过程后得到的,水中的无机盐、有机物、微生物、可溶解气体和挥发性杂质含量极低。常用于配制生物缓冲液、洗涤实验器皿、清洁和维护精密需水设备等。

(3) 去离子水是通过阳离子和阴离子交换柱除去离子和杂质而得到的,也称为离子交换水。常用于配制缓冲液、洗涤有特殊要求的实验器皿、清洁和维护精密需水设备等。

(4) 超纯水是经过预处理、去离子化、反渗透技术、超纯化处理以及后级处理等多种工艺流程获得的电阻率约 18.25 MΩ · cm(25 ℃)、含盐量低于 0.3 mg/L 的纯水。超纯水中几乎不含电解质、气体、胶体、有机物、细菌、病毒等,理论上只有氢离子和氢氧根离子。常用于配制无电解质溶液、开展精密实验和维护极精密需水仪器设备等。

1.2.2 生命科学实验室用水的基本安全知识

(1) 实验室的水不能饮用。

(2) 实验室的水源、储存水、用水过程均须远离电源。

(3) 实验用水须存放于专门容器内,防止水污染。

(4) 实验用水的制备过程、液体加热过程中人不可离场,防止溢出和暴沸。

(5) 定期检查用水设施是否完好,有无漏水隐患。

(6) 不得擅自移动供水设备,防止设备受损。

(7) 不得戴沾有水的手套操作仪器,防止触电。

(8) 若遇突然停水,须检查阀门是否关闭,防止来水时实验室无人水满溢出和仪器设备受损。

(9) 离开实验室之前须检查所有水阀是否关闭。

(10) 实验室长期无人时,须关闭水阀和仪器设备开关。

(11) 常用的需水仪器设备及其主要安全隐患:

①蒸馏装置:缺水、漏水。

②纯水仪:缺水、漏水,使用者忘记关闭出水口。

③制冰机:缺水、漏水,控温装置失灵导致冰水溢出。

④水浴锅:缺水、漏水、干烧。

⑤超声清洗仪:水量过少或水过量。

⑥高压蒸汽灭菌锅:缺水、干烧、漏水、水过量,排气口浸入水中而发生倒吸。

⑦电泳仪:漏液、漏电。

1.3 生命科学实验室用电安全

1.3.1 生命科学实验室常用电的分类

生命科学实验室的常用电有直流电和交流电两种。直流电电源常见的有干电池、蓄电池等，也可通过转换器、整流器(阻止电流反方向流动)以及过滤器(消除整流器流出的电流中的跳动)将交流电转变为直流电。实验室内常用计算机硬件、万用表、便携式紫外分析仪等都需要直流电来提供电源。交流电包括三相电、两相电和单相电。三相电由三根相线组成，三根线之间的电压都是 380 V，常用于三相电源供电设备和特殊要求设备，例如三相电动机、−80 ℃冰箱等。两相电由两根相线组成，电压也是 380 V，常用于交流焊机等设备。单相电由一根火线与一根零线组成，火线就是电路中输送电的电源线，零线主要应用于工作回路，从变压器中性点接地后引出主干线，电压为 220 V，常用于照明、家用电器等。实验室的照明用电以及常用仪器设备用电均为单相电。

1.3.2 生命科学实验室常用电使用的基本安全知识

(1) 中国居民用电电压为 220 V。当电压高于 36 V、电流高于 10 mA 时，人体会有触电危险。

(2) 实验室常用电源插座包括单相两孔、单相三孔、三相四孔等，其中三孔和四孔插座有专用的保护接零线或接地线插孔，该插孔一定要和实验室的零线、地线相连。三孔插座的上孔接地线，左孔接零线，右孔接火线。两孔插座的左孔接零线，右孔接火线。国内标准插座中的红色表示火线(live，L)；蓝色表示零线(neutral，N)；黄绿相间色表示地线(earth，E)，俗称花线。明装插座在安装时离地高度须不低于 1.3 m，暗装插座离地高度通常为 0.2～0.5 m。插座必须严格按国家标准安装，杜绝安全隐患。

(3) 连接电路前应考虑电器和插座的功率是否符合，确认所用电器的功率之和不能超过插座的额定功率，如超过了插座的额定功率，插座就会因电流太大而发热烧毁，严重时甚至会造成火灾。

(4) 安装电闸和电器时必须使用标准的、型号相符的保险丝，严禁使用其他金属丝线代替，否则容易使电器损坏，甚至造成火灾。

(5) 实验室发生瞬间断电或电压波动较大时，可断开某些大功率仪器设备的电源，待供电稳定后再启用。例如−80 ℃冰箱，断电后又在 3～5 min 内恢复供电，因其压缩机所承受的启动电流要比正常启动电流大好几倍，可能会烧毁压缩机。

(6) 使用实验室电器时，先插插头，再开电源；停用时则先关闭电源，再拔出插头。

(7) 在实验室配制液体试剂时应注意远离电源，防止引起线路短路(图 1.3.1)。

(8) 禁止私拉、乱接电线。电器的电源线破损时，必须切断电源并更换电源线。

(9) 禁止随意移动带电的仪器设备，如需移动，必须切断电源，防止触电。

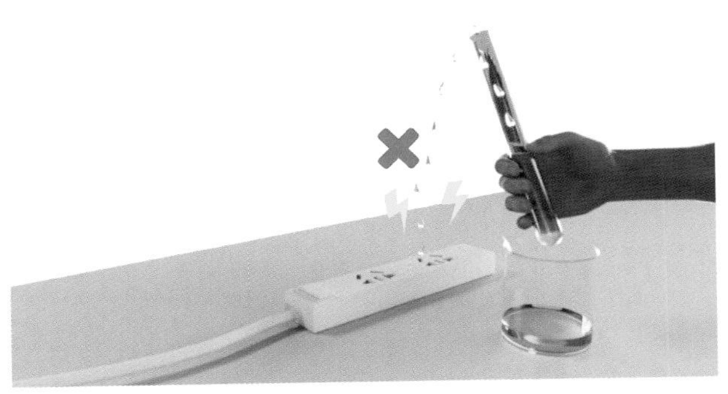

图 1.3.1 配制液体试剂时用电安全注意事项

注:配制液体试剂时应防止液体溢出,并远离电源,否则易引起线路短路而导致火灾。

(10)禁止用湿手接触带电的开关,用湿手拔、插电源插头,用湿手接触带电设备和用湿手更换电气元件。禁止用湿布擦抹带电设备。

(11)检查和修理电器时,必须先断开电源。如电器损坏,须请专业人员或送维修店修理,严禁非专业人员在带电情况下打开电器自行修理。

1.3.3 用电事故处理

(1)发生触电事故时,救护者不能直接同触电者发生身体接触(图 1.3.2)。应立刻关掉电源总开关,然后用干燥的木棒将人和电线分开,并拨打“120”求助。同时对触电者施行以下救护措施。

①解开妨碍触电者呼吸的紧身衣服。

②检查触电者的口腔,清理口腔的黏液,如有假牙,应取下。

③若触电者呼吸停止,采用口对口人工呼吸法抢救;若心脏停止跳动或不规则颤动,可采用人工胸外按压法抢救,决不可无故放弃救助。

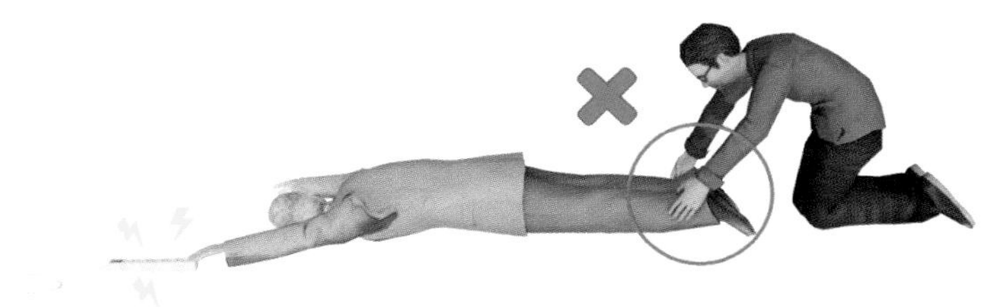

图 1.3.2 实验室触电事故处理的注意事项

注:发现实验人员意外触电时,应紧急切断电源,不可在未切断电源时用手触碰触电者身体。

(2)万一发生了火灾,首先要想办法迅速切断火灾范围内的电源。如果火灾是由电气方面引起的,切断了电源,也就切断了起火的火源;如果火灾不是由电气方面引起的,也会烧坏导线(电线)外的绝缘材料,若不切断电源,烧坏的电线会造成短路,引起更大范围的电线着火。

(3)发生电气火灾后,应盖土、盖沙或使用灭火器,但决不能使用泡沫灭火器,因为泡沫灭火剂是导电的。

1.4 生命科学实验室用气安全

1.4.1 实验室常用气体

实验室常用气体主要有二氧化碳、氧气、氮气、一氧化氮、氢气、天然气、压缩空气等，这些气体有些属于助燃、易燃、有毒气体，因此必须了解生命科学实验室常见气体的性质及用途等（表 1.4.1），以避免事故发生。带有气体识别标志的气体钢瓶（简称气瓶）的外表面涂色和字样见国家质量技术监督局制定的《气瓶颜色标记》(GB/T 7144—2016)。

表 1.4.1 实验室常见气体种类、性质、用途及标识

名称	性质	用途	气瓶安全标识	
			标签字颜色	气瓶颜色
氢气(H_2)	易燃	燃烧反应等	大红色	淡绿色
氧气(O_2)	助燃	燃烧反应等	黑色	淡（酞）蓝色
天然气	易燃	燃烧反应	白色	棕色
一氧化氮(NO)	有毒	氧化反应	黑色	白色
二氧化碳(CO_2)	—	细胞培养等	黑色	铝白色
氮气(N_2)	惰性气体	—	白色	黑色
压缩空气	—	—	白色	黑色

1.4.2 气瓶的安全使用

(1) 气瓶应存放在阴凉、干燥、远离热源的地方，可燃气体气瓶应与氧气瓶隔开放置。

(2) 气瓶应直立存储，用专用支架固定。

(3) 可燃气体气瓶气门螺丝为反丝，其他为正丝。

(4) 不应让易燃有机物沾到气瓶上，使用气瓶时应该装减压阀和压力表，且压力表不可混用。

(5) 在使用气瓶时，操作人员应站在与气瓶接口处垂直的位置上，头和身体不能正对阀门，以防止压力表或阀门被气体冲出伤人。

(6) 气瓶内气体不得用尽，以防空气进入，充气时发生危险，一般气瓶的剩余压力值应不小于 0.5 MPa。

(7) 搬运气瓶时应小心轻放，气瓶帽应旋紧。

(8) 定期将气瓶送检，使用中的气瓶严格按照规定年限检查，不合格的气瓶严禁继续使用。

1.5 生命科学实验室声安全

1.5.1 声的分类

声波由物体（声源）振动产生。生物所接收的声音频率都有其范围限制，人耳可以听到的声波的频率一般在 20 Hz～20 kHz。声波按照频率通常可分为以下几种：

①频率低于 20 Hz 的声波称为次声波。

②频率为 20 Hz～20 kHz 的声波称为可闻声。

③频率为 20 kHz～1 GHz 的声波称为超声波。

④频率大于 1 GHz 的声波称为特超声或微波超声。

1.5.2 超声波的产生和使用

(1) 超声波频率超过人耳可以听到的最高阈值 20 kHz,常用的产生超声波的装置有机械型超声发生器(例如气哨、汽笛和液哨等)、利用电磁感应和电磁作用原理制成的电动超声发生器、利用压电晶体的电致伸缩效应和铁磁物质的磁致伸缩效应制成的电声换能器等。

(2) 超声波有两个特点:一个是能量大,另一个是沿直线传播。它被应用于生命科学实验室中的细胞破碎、超声探测、器皿清洗等。

1.5.3 噪声防止

噪声是指声波频率或强弱无规律变化的声音,是令人不愉快的或有损听觉的声音。声音强度通常用分贝(decibel,dB)表示,根据国家现行噪声标准,一般实验室噪声要求不超过 60 dB。实验室噪声的来源主要是仪器设备运行及人的活动。生命科学实验室声安全主要是防止各种噪声的产生。

(1) 源头的防止:分析噪声源发声机理,消除噪声的发生。尽可能使用噪声小的仪器设备,减少使用噪声大的仪器设备。

(2) 传播途径的防止:由于声音的传播需要介质,可将有严重噪声的仪器设备采用真空环境隔离开,切断其传播途径;或者将噪声严重的仪器设备放置在远离人员活动的区域。必要的情况下可使用耳塞、隔声窗、隔音墙等隔断噪声的影响。

(3) 噪声的吸收:在建筑的过程中采用吸收噪声的材料,在必要的地方使用柔软多孔的材料对声波进行吸收以减小噪声的危害。

(4) 缩短人员在噪声环境中暴露的时间。

1.6 生命科学实验室光安全

1.6.1 光的分类

光是由光子组成的粒子流,也是高频的电磁波。人眼可以看见的电磁波称为可见光,人眼看不到的电磁波有红外光、紫外光和射线等。

(1) 可见光(visible light):波长范围是 0.39～0.76 μm,主要天然光源是太阳,主要人工光源是白炽物体(特别是白炽灯)。太阳的可见光呈白色,但通过棱镜时,其可见光根据波长不同可分为红、橙、黄、绿、蓝、靛、紫七色。红光波长为 0.62～0.76 μm,橙光波长为 0.59～0.62 μm,黄光波长为 0.57～0.59 μm,绿光波长为 0.49～0.57 μm,蓝光-靛光波长为 0.45～0.49 μm,紫光波长为 0.39～0.45 μm。

(2) 红外光(infrared light):亦称红外线,波长范围为 0.77～1000 μm。在光谱中,它排在可见光红光的外侧,所以称为红外光。

(3) 紫外光(ultraviolet light):亦称紫外线,波长范围为0.01～0.40 μm。在光谱中,它排在可见光紫光的外侧,故称为紫外光。

(4) 射线(ray):波长比紫外光更短的电磁波,包括X射线、γ射线、α射线、β射线等。射线具有能量高、穿透能力强的特点。

(5) 激光(laser,light amplification by stimulated emission of radiation 的缩写):通过受激辐射放大和必要的反馈,产生的准直、单色、相干的光束。激光具有普通光所不具有的特点,即三好(单色性好、相干性好、方向性好)一高(亮度高)。

1.6.2 光的安全使用规范及注意事项

生命科学实验室常用到紫外光和激光,下面以紫外线消毒灯(简称为紫外灯)为例介绍实验室用光安全使用规范及注意事项。

紫外灯是一种低压汞灯,它利用低压($<10^{-2}$ Pa)使汞蒸气激化而发出紫外光,直接破坏空气、水、物体表面的细菌DNA,导致细菌死亡;或通过与空气中的氧气发生反应,产生具有强氧化力的臭氧,进而杀灭细菌。

使用紫外灯时需要注意安全,其使用规范如下:

(1) 紫外光照射时,人不能暴露在紫外光下。紫外光对皮肤和人体的危害大,如果直接照射皮肤、眼睛等,会因形成DNA胸腺嘧啶二聚体,导致DNA变异,对操作人员健康造成损害。因此开启紫外灯时要保证现场没有人,眼睛不能直视紫外光,如有必要需佩戴防护镜。使用紫外分析仪时,手不可裸露在紫外灯下,应佩戴防护手套(图1.6.1)。

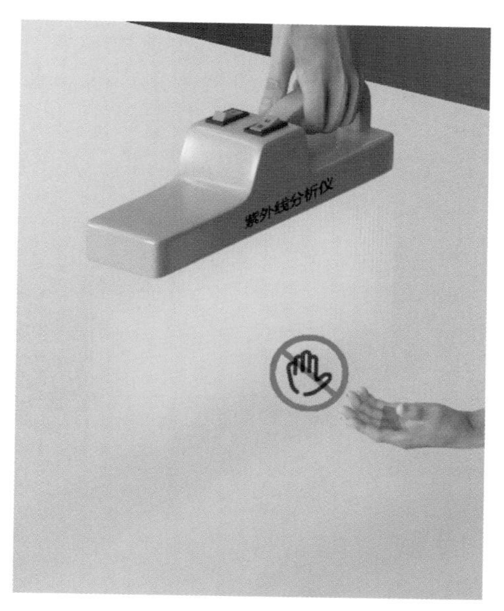

图1.6.1 实验室紫外分析仪安全使用注意事项

注:使用紫外分析仪时,手不可裸露在紫外灯下,应佩戴防护手套。

(2) 室内空气消毒要求紫外灯每立方米不少于1.5 W,照射时间不少于30 min,灯管距离地面2.0 m左右,不可过高或过低。

(3) 行空气消毒时,室内应保持清洁、干燥,减少尘埃和水雾。当温度低于20 ℃或高于40 ℃,或者相对湿度大于60%时,应适当延长照射时间。

(4) 消毒物体表面时,紫外灯灯管距离物体表面不得超过 1 m,并直接照射物体表面,且应达到足够的照射剂量,例如杀灭细菌芽孢时应达到 100000 $\mu W \cdot s/cm^2$。

(5) 紫外灯使用 3~6 个月后,应用紫外线辐射照度仪做强度检测。新灯照射强度≥100 $\mu W/cm^2$ 为合格,使用中紫外灯照射强度≥7 $\mu W/cm^2$ 为合格。

(6) 使用中应保持紫外灯灯管表面洁净透明,每周用酒精棉球擦拭 1 次,以免影响紫外光的穿透力及照射强度。

(7) 每支紫外灯灯管须有使用记录,包括使用时间、使用人、照射强度、更换时间等。

本章习题

正误判断题

1. 生命科学实验室可分为 P1、P2、P3 和 P4 或者 BSL-1、BSL-2、BSL-3、BSL-4 四个等级。(   )

2. 在 P1 和 P2 实验室从事生命科学相关教学和科研活动时,不会让使用者或实验动物患病,对实验人员和环境危险性较小,可以使用开放实验台。(   )

3. 在 P3 实验室从事相关实验操作时,实验人员以及参观人员可以自由进入实验区域。(   )

4. P3 实验室适用于进行通常能引起人或动物严重疾病的病原体相关实验操作,疾病传播的危险有限,对感染具备有效的预防和治疗措施。(   )

5. P3 实验室设双重门或气闸室和外部隔离的实验区域,非本处工作人员禁止入内,实验室内全负压,使用二级生物安全柜进行实验。(   )

6. P4 实验室适用于进行通常能引起人或动物发生严重疾病的病原体相关实验操作,疾病易传播,对感染尚无有效的预防和治疗措施。(   )

7. 进行超过实验室安全级别的实验时,在有严密防护的情况下即可进行。(   )

8. 实验室内不放置办公用品。(   )

9. 实验室内的办公用品和实验用品必须严格分开放置。(   )

10. 做完实验后,实验用品和器材可以带到办公室或宿舍继续使用。(   )

11. 进实验室必须穿实验服、戴专用手套,离开实验室时将实验服、专用手套脱下。(   )

12. 在生命科学实验室做完实验后,可以穿着实验服到办公室处理数据。(   )

13. 实验室内不得吃东西,禁止用实验室冰箱存放食物和饮料等物品。(   )

14. 只要不影响正常通行,可以将仪器或设备放在安全通道。(   )

15. 在冰箱里存放饮品时必须与实验试剂分开放置。(   )

16. 蒸馏水不含电解质、游离离子和杂质。(   )

17. 蒸馏水不含任何电解质和杂质,但含有游离离子。(   )

18. 双蒸水中不含无机盐、有机物、微生物、可溶解气体和挥发性杂质。(   )

19. 去离子水常用于配制缓冲液、洗涤有特殊要求的实验器皿、清洁和维护精密需水设备等。(   )

20. 超纯水是电阻率约 18.25 MΩ·cm(25 ℃)、含盐量低于 0.3 mg/L 的纯水。(   )

21. 超纯水中几乎不含电解质、气体、胶体、有机物、细菌、病毒等,理论上只有氢离子和氢氧根离子。(   )

22. 超纯水中几乎不含电解质、气体、胶体、有机物，但是含有细菌、病毒等微生物。(　　)

23. 超纯水中不含胶体、有机物、细菌、病毒等，只含电解质、氢离子和氢氧根离子。(　　)

24. 实验人员可以随时饮用生命科学实验室的蒸馏水、双蒸水、去离子水、超纯水等。(　　)

25. 实验室长期无人时，须关闭水阀和仪器设备开关。(　　)

26. 中国居民用电电压为 220 V。(　　)

27. 当电压高于 120 V、电流高于 10 mA 时，人体会有触电危险。(　　)

28. 如超过了插座的额定功率，插座就会因电流太大而发热烧毁，严重时甚至会造成火灾。(　　)

29. 某插座的额定功率为 XXX，可以临时用来维持 −80 ℃冰箱的正常运转以及烘箱的使用。(　　)

30. 三孔插座没有接地线插孔也可以正常使用，因此可以用两孔的来替代。(　　)

31. 实验室发生瞬间断电或电压波动较大时，可断开某些大功率仪器设备的电源，待供电稳定后再启用。(　　)

32. 电器的电源线破损时要及时将破损处包扎好，防止漏电而发生危险。(　　)

33. 若电器有损坏，应及时拆开修理，若修理后未恢复功能，应寻求专业人员的帮助。(　　)

34. 发生触电事故时，应用木棍将触电者救下，若触电者呼吸停止或心脏停止跳动应使其平躺等待救护车到来。(　　)

35. 不能用湿手接触带电的开关，拔、插电源插头和更换电气元件。(　　)

36. 打扫清洁时，可以用湿布擦拭正在运转中的仪器或设备的电源开关。(　　)

37. 某仪器的保险丝被烧断后，可以临时用铜丝代替继续使用。(　　)

38. 发生火灾时，首先要想办法迅速切断火灾范围内的电源。(　　)

39. 离开实验室前应检查门、窗、水龙头是否关好，通风设备、饮水设施、计算机、空调等是否已切断电源。(　　)

40. 发生电气火灾时，要及时使用泡沫灭火器灭火，防止火势蔓延造成更大损失。(　　)

41. 二氧化碳属于有毒气体。(　　)

42. 氢气属于易燃气体。(　　)

43. 氧气属于助燃气体。(　　)

44. 氮气是惰性气体。(　　)

45. 氧气是惰性气体。(　　)

46. 每一种气体都应存放在相应颜色的气瓶内，不可混用。(　　)

47. 氢气存在淡绿色气瓶内，用大红色标签字明示。(　　)

48. 天然气存在棕色气瓶内，用白色标签字明示。(　　)

49. 氧气存在淡蓝色气瓶内，用黑色标签字明示。(　　)

50. 氮气存在黑色气瓶内，用白色标签字明示。(　　)

51. 可燃气体气瓶气门螺丝为正丝，其他为反丝。(　　)

52. 在使用气瓶时，操作人员应站在与气瓶接口处垂直的位置上，头和身体不能正对阀

门,以防压力表或阀门被气体冲出伤人。(　　)

53. 氢气瓶可以与氧气瓶放在同一地方,以方便使用。(　　)

54. 气瓶内气体不得用尽,以防空气进入,充气时发生危险。一般气瓶的剩余压力值应不小于0.5 MPa。(　　)

55. 氧气瓶须定期检查,不合格的气瓶修好后可以继续使用。(　　)

56. 人耳可以听到的声波频率一般为20 Hz~20 kHz。(　　)

57. 频率大于20 kHz的声波是超声波。(　　)

58. 超声波是沿直线传播的。(　　)

59. 缩短人员在噪声环境中暴露的时间是防止噪声的主要途径之一。(　　)

60. 次声波在生命科学实验室中被应用于进行细胞破碎、超声探测、器皿清洗等。(　　)

61. 超声波在生命科学实验室中被应用于进行细胞破碎、器皿清洗等。(　　)

62. 人眼可视电磁波波长范围是0.39~0.76 μm,主要光源是太阳、白炽灯等。(　　)

63. 红外光在光谱中排在可见光红光的外侧,波长范围为0.77~1000 μm;红光波长为0.62~0.76 μm。(　　)

64. 紫外光在光谱中排在可见光紫光的外侧,波长范围为0.01~0.40 μm;紫光波长为0.39~0.45 μm。(　　)

65. 射线是波长比紫外光更短的电磁波,具有能量高、穿透能力强的特点。(　　)

66. 紫外灯利用低压使汞蒸气激化而发出紫外光,直接破坏空气、水、物体表面的细菌DNA,导致细菌死亡;或通过与空气中的氧气发生反应,产生具有强氧化力的臭氧,进而杀灭细菌。(　　)

67. 紫外灯灯管应放置在离消毒物品表面2 m以上的位置。(　　)

68. 用紫外灯消毒时,若室内温度较低,生命活动较弱,可适当缩短消毒时间至10 min。(　　)

69. 紫外灯新灯管用紫外线辐射照度仪做强度检测,照射强度≥7 $\mu W/cm^2$为合格。(　　)

70. 室内空气相对湿度大于60%时应适当延长紫外光照射时间以达到较好的消毒效果。(　　)

71. 紫外光直接照射皮肤、眼睛等,不会造成影响。(　　)

72. 紫外灯灯管不定期清洁,也可维持紫外光的穿透力及照射强度。(　　)

73. 使用紫外分析仪时,须佩戴防护眼镜,不需要戴防护手套。(　　)

74. 在超净工作台内紫外灯开启的情况下,可以临时快速取出台面的物品。(　　)

75. 每支紫外灯灯管都要有使用记录,包括使用时间、使用人、照射强度、更换时间等。(　　)

本章习题答案

1. (√)	2. (×)	3. (×)	4. (√)	5. (√)	6. (√)	7. (×)
8. (√)	9. (×)	10. (×)	11. (√)	12. (×)	13. (√)	14. (×)
15. (×)	16. (√)	17. (×)	18. (×)	19. (√)	20. (√)	21. (√)
22. (×)	23. (×)	24. (×)	25. (√)	26. (√)	27. (×)	28. (√)
29. (×)	30. (×)	31. (√)	32. (×)	33. (×)	34. (×)	35. (√)
36. (×)	37. (×)	38. (√)	39. (√)	40. (×)	41. (×)	42. (√)

43. (√)　44. (√)　45. (×)　46. (√)　47. (√)　48. (√)　49. (√)
50. (√)　51. (×)　52. (√)　53. (×)　54. (√)　55. (×)　56. (√)
57. (×)　58. (√)　59. (√)　60. (×)　61. (√)　62. (√)　63. (√)
64. (√)　65. (√)　66. (√)　67. (×)　68. (×)　69. (×)　70. (√)
71. (×)　72. (×)　73. (×)　74. (×)　75. (√)

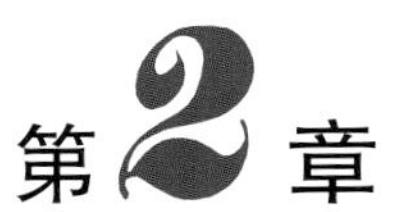

第2章 生命科学实验室常用仪器安全操作规范

扫码看课件

在生命科学实验室从事教学和科学研究等活动过程中常需要使用各种仪器，实验仪器是获取准确实验数据和进行高效研究的关键。这些仪器的正确和安全使用对于实验室人员的健康和实验的成功率至关重要，如果操作不当可能引起仪器损坏或人身伤害。因此，严格按照安全操作规范使用仪器，是保障仪器性能、实验室安全及操作员人身安全的基本要求。本章旨在提供一系列关于生命科学实验室中常用仪器的操作规范及使用注意事项，如高压灭菌锅、烘箱、超低温冰箱、液氮罐、离心机等，以及部分精密贵重仪器，如激光共聚焦显微镜和生物透射电镜等，旨在为实验室的安全运行和实验人员的健康提供有力保障。

2.1 高压灭菌锅的操作规范及使用注意事项

高压灭菌锅，也称为高压蒸汽灭菌锅，是一种利用加热元件(如电热丝等)将水加热产生饱和蒸汽的设备，主要用于能耐高温的物品，如培养基、金属器械、玻璃器皿、耐高温塑料制品等的灭菌。高压灭菌锅能够在灭菌过程中精确控制并维持特定的高温高压环境，以实现对细菌、病毒、真菌和芽孢等各种类型微生物的有效杀灭，并确保物品的无菌状态，广泛应用于医疗、科研和工业等领域。常用高压灭菌锅根据其样式以及使用方式的不同，可分为手提式、立式和卧式。手提式高压灭菌锅的结构相对简单，方便移动，容量通常为 18 L、24 L、30 L 等，常用于少量物品的灭菌；立式高压灭菌锅的结构复杂，容量通常为 30～200 L，是实验室比较常用的灭菌设备。卧式高压灭菌锅通常分为单门或双门的圆筒式和方柜式两种，容量通常为 150～500 L，适合教学用品等大量物品的灭菌。

2.1.1 高压灭菌锅基本操作流程

不同种类的高压灭菌锅操作流程虽然略有不同，但基本相似，具体如图 2.1.1 所示。

2.1.2 高压灭菌锅的操作规范

由于高压灭菌锅是在高温高压条件下对物品进行灭菌，操作人员在使用之前须参加相应的安全技术培训，通过考核并取得高压容器操作证后方可使用。不同类型的高压灭菌锅有不同的使用方法，因此在使用前须仔细阅读各型号高压灭菌锅的使用说明书，严格按照说明书的内容进行规范操作。现以上述三种类型高压灭菌锅的典型代表为例分别介绍其操作规范以及使用注意事项。

1. 手提式高压灭菌锅的操作规范(以 XFS-280A 型手提式高压灭菌锅为例)

(1) 检查并确认灭菌锅的各个部件完整无损后，打开电源开关。

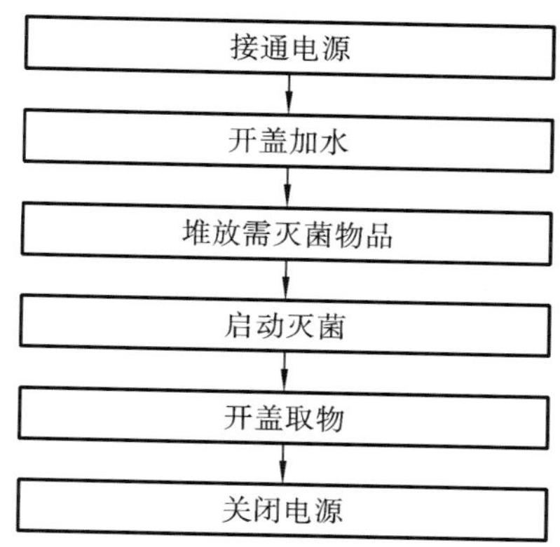

图 2.1.1 高压灭菌锅基本操作流程

(2) 在灭菌锅内加大约 3 L 的纯净水至水位超过电热管至少 1 cm。

(3) 将需要灭菌的物品有序地放入灭菌桶,然后将灭菌桶放入灭菌锅内,盖上盖子;将蒸汽释放软管插入灭菌桶半圆槽内,对齐上、下槽;将蝶形螺母对称旋紧,直至完全密封。

(4) 准确设置灭菌参数后,启动灭菌。先将放气阀搭子放在垂直放气的位置上,排出灭菌锅内的冷空气;当有蒸汽排出时,将放气阀搭子复位。当灭菌锅的压力达到设定值时,即可开始按灭菌要求(例如 121℃,20 min)记录灭菌温度和时间。

(5) 灭菌完成后,等待灭菌锅内温度自然下降至 80℃以下、压力降为零后,才可以打开放气阀,旋松螺母,打开盖子,取出灭菌物品。

(6) 关闭电源,做好使用登记。

2. 立式高压灭菌锅的操作规范(以 GI-54DWS 型高压灭菌锅为例)

(1) 检查并确认灭菌锅的各个部件完整无损以及各项技术指标正常后,打开电源开关。

(2) 逆时针旋转手柄,打开灭菌锅腔盖。

(3) 检查并确认排水阀已经关闭后,往灭菌腔中加入蒸馏水,直至达到设备所要求的水位。

(4) 将待灭菌物品有序地放入灭菌桶后,将灭菌桶置于灭菌腔中。

(5) 往左轻推手柄直至横梁靠紧立柱,然后顺时针旋转手柄。当闭盖指示灯亮时,继续旋转半周直至手柄旋紧。

(6) 设置所需的灭菌程序后即可启动灭菌过程。

(7) 灭菌结束后,等待灭菌锅内温度自然降至 80 ℃以下、压力降为零后,才可逆时针旋转手柄,打开灭菌锅腔盖,取出灭菌物品。

(8) 打开排水阀排出灭菌腔内的水,关闭灭菌锅腔盖,关闭电源,做好使用登记。

3. 卧式高压灭菌锅的操作规范(以 WDZX-200KC 卧式蒸汽灭菌器为例)

(1) 检查并确认灭菌器的各个部件完整无损后,闭合电源断路器。

(2) 打开蒸汽发生器进水截止阀,打开灭菌器面板上的控制电源锁,确保灭菌器各个电子器件的各项指标正常。

(3) 向外拉出手动安全销;向左旋转门启闭手柄至停止位置("门已开"灯亮),门启闭手柄指示灯闪烁;开启灭菌器门,蜂鸣器长鸣。

(4) 将灭菌物品的转载筐依次放入灭菌室,然后关闭灭菌器门,将灭菌器门关至闭合位置;向右旋转门启闭手柄至停止位置("门已关"灯亮)。

(5) 在控制面板中按下"温度"键,然后依次按下"自动排气"和"辅助干燥"功能键;按下"启动"键,开始灭菌;按下"启动"键锁上安全联锁,防止错开灭菌器门。

(6) 灭菌结束,待灭菌室内温度自然降至80 ℃以下、压力降为零后,同时长按"▲"键、"▶"键解锁安全联锁;向左旋转门启闭手柄至停止位置,开启灭菌器门,取出灭菌物品。

(7) 关闭蒸汽发生器进水截止阀,断开电源断路器,做好使用登记。

2.1.3 高压灭菌锅的使用注意事项

(1) 高压灭菌锅的使用者须提前接受培训并取得高压容器操作证。

(2) 严禁在灭菌锅缺水或处于低水位时进行高压灭菌。

(3) 灭菌锅用水应为去离子水或其他纯净水,严禁使用自来水,以防产生水垢。

(4) 严禁采用高压蒸汽灭菌方法对受热易挥发或易爆等物品进行灭菌操作。

(5) 瓶装液体严禁密封灭菌,应当在瓶塞上进行泄压处理。液体盛装的体积不得超过总体积的3/4。

(6) 灭菌过程中严禁打开灭菌锅盖。

(7) 灭菌结束后必须等压力归零、温度降到安全温度以下,方可开盖,严禁在有压力和高温状态下进行任何操作(图2.1.2)。

(8) 定期检查安全阀功能状态,避免因安全阀失效而导致压力过高发生爆炸。

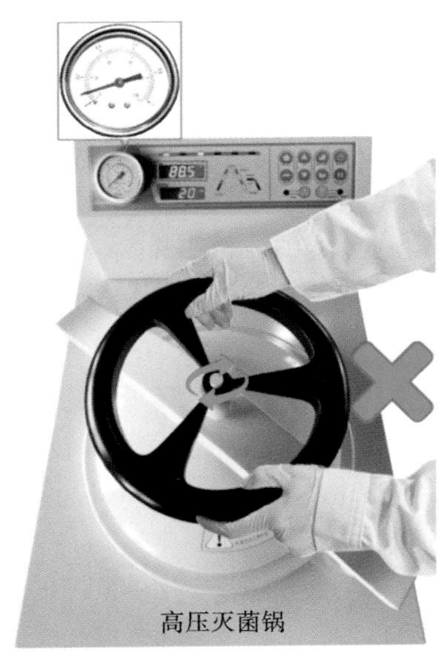

图 2.1.2 高压灭菌锅安全使用注意事项

注:灭菌结束后,当灭菌锅内温度高于80 ℃、压力没有降至零时,严禁打开灭菌锅盖。

2.2 高压细胞破碎仪的操作规范及使用注意事项

高压细胞破碎仪利用高压对细胞进行挤压破碎,使样品均匀并完全碎裂,适用于厚壁细胞、细菌和较浓样品的破碎，用于蛋白质研究、核酸提取等实验，具有无噪声、无金属离子污染等特点。高压细胞破碎仪一般采用液压控制，使细胞室的压力升高，处在细胞室中的样品细胞内外压力也同步升高；在经过特定宽度的限流缝隙（工作区）后，瞬间失压的样品以极高速（1000～1500 m/s）喷出，细胞外的压力急剧下降，细胞内外的压力差骤增，迫使细胞急剧膨胀而破裂。同时，高速喷出的样品碰撞阀组件，产生空穴效应、撞击效应及剪切效应，从而将样品进一步裂解破碎，释放出细胞内物质。

2.2.1 高压细胞破碎仪基本操作流程

不同种类的高压细胞破碎仪的操作流程虽然略有不同，但基本相似，具体如图 2.2.1 所示。

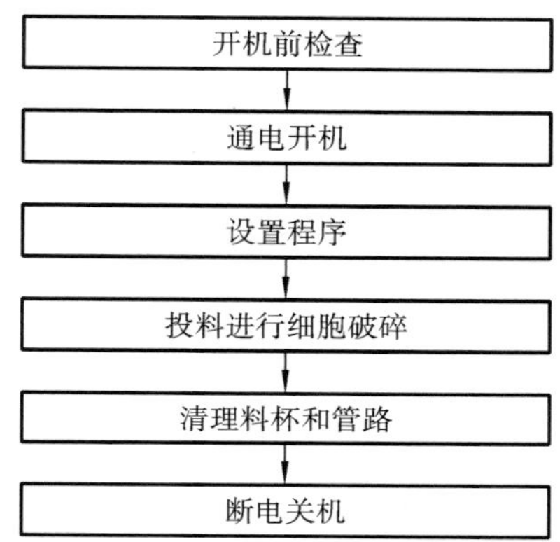

图 2.2.1 高压细胞破碎仪基本操作流程

2.2.2 高压细胞破碎仪的操作规范

高压细胞破碎仪通常使用 380 V 交流电，设备运转时内部压力可高达 150 MPa。操作人员在使用之前须参加培训并经考核合格后方可使用，在使用前须仔细阅读使用说明书，严格按照说明书的内容进行规范操作。现以 AH-1500 高压细胞破碎仪为例介绍其操作规范。

（1）开机前检查：确定加压手柄为松弛状态后打开压力表，确认压力表显示“000”。检查确认恒温水箱内制冷液高度为 80%。

（2）打开主机及恒温水箱电源开关，设定水箱温度，启动制冷。

（3）点击“RUN”按钮，依次用 70%酒精和超纯水清洗料斗，清洗完毕后点击“STOP”按钮。

（4）恒温制冷温度达到设定值后，开启制冷循环，给主机制冷。

（5）向料斗中加入样品后，点击“RUN”按钮。当出料管无气泡后，点击“STOP”按钮。然后转动加压手柄，设定压力值后点击“RUN”按钮开始细胞破碎。

（6）重复上述过程，进行样品破碎操作。均质完成后排放设备内部的物料，在料斗中的物料将尽时加入超纯水。

（7）实验结束后，关闭恒温水箱电源。

（8）清洗料斗和管路。向料斗中加入超纯水，点击“RUN”按钮，从出料管收集废液，直到出料管出液无杂质时，结束清洗。

（9）向料斗中加入 2/3 高度的 70%酒精用于设备管路灭菌。

(10) 关机前检查:释放加压手柄,压力表显示"000"时关闭主机电源。

2.2.3 高压细胞破碎仪的使用注意事项

(1) 开机前检查加压手柄,严禁带压开机,否则突然的过载负荷会严重损害电机。

(2) 加压或降压均应缓慢递进,严禁快速旋转手柄进行升、降压操作(图 2.2.2)。

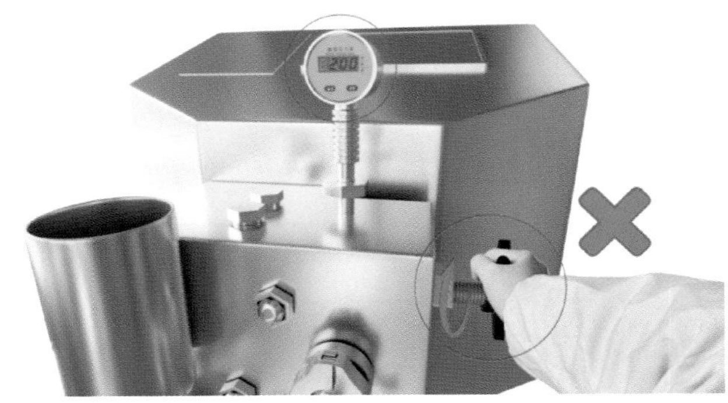

图 2.2.2 高压细胞破碎仪安全使用注意事项

注:调节高压细胞破碎仪的压力时,加压时要缓慢递进,禁止快速旋转手柄进行升压操作;降压时严禁手柄处于过于松弛状态,须缓慢降压。

(3) 物料必须经过 60～100 目的滤网过滤,避免颗粒杂质进入仪器后堵塞进料阀和均质阀。

(4) 禁止在无物料的情况下长时间运行高压细胞破碎仪。

(5) 样品破碎工作结束后,向料斗中持续加注超纯水,进行管路和料斗的清洗。清洗时,可略微施加一定压力(表头读数 200),提升冲洗附着在管壁上残留物的效果,目测排出的液体不再含杂质且已经清澈时,排空清洗液,妥善处理收集的废液。

(6) 用 70%酒精擦拭料斗内表面上半部分和料斗外表面,再向料斗中加注 70%酒精至 2/3高度进行浸泡消毒。

(7) 高压细胞破碎仪一般使用 380 V 交流电,比 220 V 交流电更危险,需要特别注意仪器接地,确保用电安全。

(8) 注意生物源危害,进行破碎操作的样品需要进行生物安全处理,防止具有污染、感染和传染危害的微生物,例如细菌、病毒、真菌等,对实验室人员及环境安全造成威胁。

2.3 烘箱的操作规范及使用注意事项

烘箱是采用热风内循环控制温度的一种加热烘干设备,在生命科学实验室常用来干燥、烘干、灭菌等。烘箱适用于比室温高 5～300 ℃范围的干燥、热处理等。

2.3.1 烘箱基本操作流程

烘箱基本操作流程如图 2.3.1 所示。

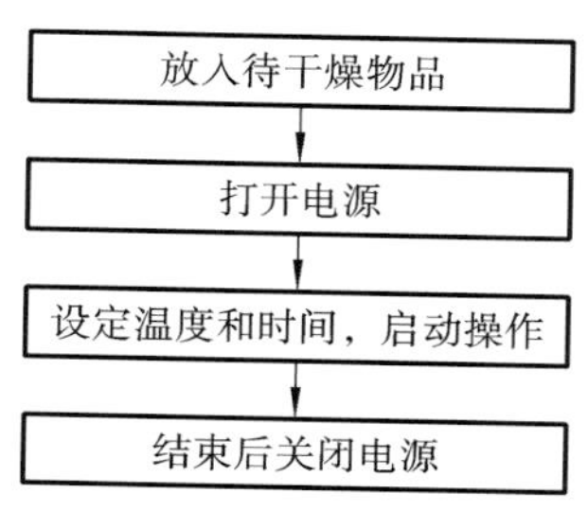

图 2.3.1 烘箱基本操作流程

2.3.2 烘箱的操作规范

（1）把需干燥处理的物品放入烘箱内，关好箱门。

（2）打开电源开关。

（3）设定需要的温度和时间后，启动烘干操作。

（4）结束后关闭电源，取出干燥的物品。

2.3.3 烘箱使用注意事项

（1）烘箱应使用专用的电源插座，使用前须确认供电电源的电压符合所用设备的要求。

（2）烘箱应放置在具有良好通风条件的室内，不要紧贴墙壁，在其周围严禁放置易燃易爆物品。

（3）烘箱使用温度不能超过其最高限定温度。当烘箱使用温度超过 100 ℃时，不得触摸工作箱门、观察窗及箱体表面，以防烫伤。

（4）禁止用烘箱干燥易燃易爆、易挥发及有腐蚀性的物品（图 2.3.2）。

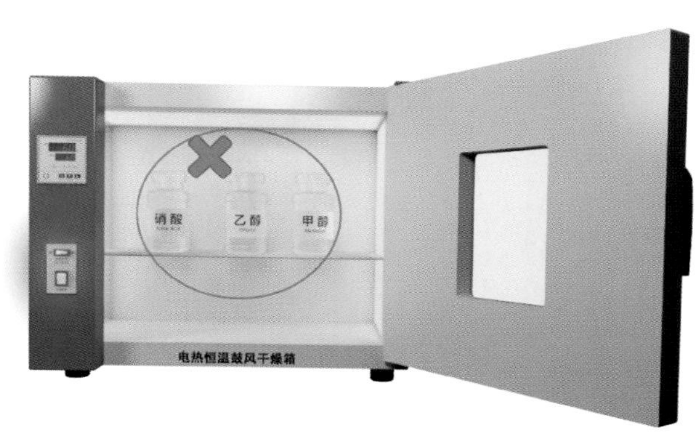

图 2.3.2 烘箱安全使用注意事项

注：使用烘箱时，烘箱内严禁放置易燃易爆、易挥发及有腐蚀性的物品。

（5）烘箱内物品放置不能过于拥挤，必须留出一定的空间。注意不要有任何物品插入或堵住进风口、出风口，影响烘箱内空气循环。

（6）平时箱门尽量不要频繁打开，以免影响内部恒温。当需要观察工作室内样品情况时，可透过观察窗或玻璃门观察。

（7）有鼓风机的烘箱，在加热和恒温的过程中需将鼓风机开启，否则会影响烘箱内温度的均匀性和损坏加热元件。

2.4 超低温冰箱的操作规范及使用注意事项

超低温冰箱主要用于生物样本(品)、药品、细胞以及菌种的保存。超低温冰箱温度范围通常在−150 ℃至−40 ℃之间,其中−80 ℃超低温冰箱最为常用。具体使用规范与注意事项如下。

(1) 需要冷冻保存的样品必须用耐低温的专用容器装好才可放入超低温冰箱。强酸及腐蚀性的样品不宜冷冻保存。

(2) 严禁单次放入过多或温度较高的物品;待保存物品需分批放入或预冷后放入,并调节超低温冰箱的温度、进行阶梯式降温直至所需的低温。

(3) 从超低温冰箱中取样品时要戴安全防冻手套,防止冻伤。

(4) 超低温冰箱在使用中应避免压缩机长时间持续运行而致损坏。打开冰箱后,应快速取放物品,冰箱打开时间不能过久。

(5) 如遇停电,需依次关闭电池开关、电源开关、外部电源。再次通电后,反向依次打开各开关。

2.5 液氮罐的操作规范及使用注意事项

液氮罐是一种专门设计用来储存低温液氮的容器,在生命科学实验室中主要用于长期保存活性生物样本(品),如疫苗、菌种、细胞以及人、动物的组织器官等,这些样品通常被放置在特制的低温保存容器中,然后储存于液氮中以维持其生物活性。使用液氮罐时,必须遵循安全操作规范,避免冻伤和其他潜在的安全风险。

液氮罐通常分为液氮储存罐和液氮运输罐。液氮储存罐主要用于室内静置储存实验样品,不宜用于样品远距离运输;液氮运输罐除可静置储存实验样品外,还可在充装液氮的状态下运送样品。

2.5.1 液氮罐的操作规范

(1) 佩戴防护手套和护目镜。

(2) 缓慢打开液氮罐盖子。缓慢拉出提斗(样品储存盒),注意避免碰擦颈管内壁。待液氮没有成股流下时,盖好盖子,以免更多液氮流失。

(3) 将样品储存盒放置在平整、防冻的台面上,迅速取出目标样品放置于冰上。

(4) 取样结束后,缓慢打开盖子,将样品储存盒缓慢放回液氮罐中,盖好盖子。

2.5.2 液氮罐使用注意事项

(1) 取液氮罐内冷冻保存样品时须佩戴防护手套和护目镜,以防冻伤(图2.5.1)。

(2) 使用液氮罐时,要轻拿轻放,避免与其他物体相碰撞。尤其是用液氮运输罐运送样品时,应避免剧烈的碰撞和震动。

(3) 液氮罐要保持垂直,严禁倾倒罐内的液氮,以免发生事故。

(4) 液氮罐要有专人负责管理、使用和保养。储存液氮罐的地方要保证空气流通。

(5) 定期检查液氮罐的密封状态,当液氮残余量只够使用一个星期时需要补充液氮。

（6）充填液氮宜在通风良好的地点进行，且速度要缓慢，先注入少量，然后稍停几分钟，使其冷却后再逐渐注入至规定容量。

图 2.5.1 液氮罐安全使用注意事项

注：从液氮罐中取样品时必须戴防护手套和护目镜，防止冻伤，且取出的样品不能长时间放置在室温环境中。

2.6 离心机的操作规范及使用注意事项

离心机通过离心转子高速旋转产生强大的离心力，作用于装有液体混合物的离心管，根据样品中不同颗粒的沉降系数和密度差异，实现对样品颗粒的分离。在这个过程中，较重的颗粒会比较轻的颗粒沉降得更快，从而根据它们的沉降速度将它们分离开来。离心机根据其最大转速不同，可分为低速离心机（转速＜4000 r/min）、高速离心机（转速范围 4000～30000 r/min）和超速离心机（转速＞30000 r/min）；根据其是否带有冷冻的温度控制系统，可分为常温普通离心机和冷冻离心机。常温普通离心机不带制冷系统，离心过程在室温条件下完成。冷冻离心机具有制冷系统，能够对离心腔的温度进行调节（最高能达到 40 ℃，最低能达到－20 ℃）。低速冷冻离心机常用来分离提取大量的生物大分子、细胞沉淀物等；高速冷冻离心机多用于收集微生物、细胞碎片、细胞、大的细胞器、硫酸沉淀物以及免疫沉淀物等；超速冷冻离心机能分离亚细胞器，也可用于蛋白质、核酸分子的分析操作。

2.6.1 离心机基本操作流程

不同种类的离心机操作流程虽然各不相同，但基本操作流程相似，具体如图 2.6.1 所示。

2.6.2 离心机的操作规范

在生命科学实验室开展实验的过程中，许多混合样品常经过离心操作进行分离，根据不同的实验目的、不同的样品特征，使用者可以基于所需的转速和温度选择合适的离心机。其中，高速离心机和超速离心机均属于精密仪器，并且由于转速高、离心力大，如果使用不当或缺乏定期的检修和保养，极易发生安全事故。因此使用离心机前须仔细阅读所用离心机的使用说

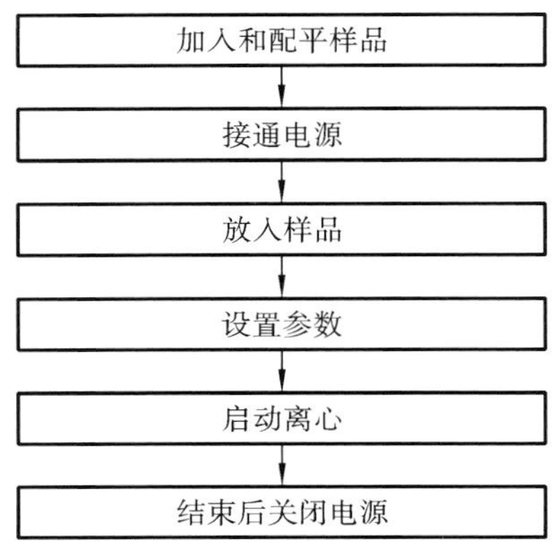

图 2.6.1 离心机基本操作流程

明书,严格按照操作规范进行操作。现以3种常见离心机为例,介绍其操作规范以及使用注意事项。

1. 低速离心机的操作规范(以 LXJ-ⅡB 低速离心机为例)

(1) 检查确认离心机各个部件完整无损,内部无任何杂物。

(2) 接通电源,开启电源开关。

(3) 将配平的样品管或平衡管对称放入转子中,然后盖上内盖和外盖。

(4) 设置完离心所需的转速和时间后,按"开始"键,启动运行。

(5) 离心结束,确认转速归零后,小心取出样品。

(6) 关闭电源,并做好使用记录。

2. 高速离心机的操作规范(以 TGL16M 台式高速冷冻离心机为例)

(1) 仔细检查确认离心机放置平稳,转子等各个部件完整无损。

(2) 接通电源,开启电源开关;按"停止"键,离心机的门盖自动打开,检查内部无任何杂物后,选择离心所需的转子,按要求准确安装。

(3) 设置离心参数(包括转子型号、转速或离心力、离心温度和时间)。

(4) 关闭离心机门盖,使离心机启动制冷系统预冷。

(5) 将需离心的样品管或平衡管用天平完全配平,对称放入相应转子中,并确认安装正确后关闭离心机内盖和门盖。

(6) 再次确认离心机实时温度符合设置,各参数设定正确后,按"启动"键启动离心机。在运行过程中,须确认离心机无异常振动或声响,并达到设定的各项参数指标,尤其是转速和离心时间。

(7) 离心结束,确认转速和时间均已经归零后,打开离心机门盖和内盖,小心取出离心后的样品。

(8) 取出转子,用洁净软布擦干机体内的冷凝水。关闭电源,认真做好使用记录。

3. 超速离心机的操作规范(以 Optima L-80XP 型超速离心机为例)

(1) 检查确认超速离心机各个部件完整无损后接通电源,开启电源开关"POWER"至"ON"位置。

(2) 打开离心机门盖,检查内部无任何杂物后,选取本次离心操作所需并与所用离心机相配套的转子,按要求准确安装。同时,在离心机上设置所用转子的型号,以及与之配合的转速、离心温度和运行时间。

(3) 选用与所用转子相适配的专用离心管,确认离心管无任何破损后,加入需离心分离的样品。确保样品管或平衡管严格配平后,将样品管以及平衡管对称放入转子孔腔中(如果离心管和转子孔腔带有编号,则将离心管准确放入与之有相应编号的转子孔腔中),拧紧转子盖,关闭离心机门盖。

(4) 按"VACUUM"键,启动真空系统。当离心机表盘显示的真空值降至转速所需数值以下时,按"ENTER"键。再次确认各项技术指标正常后,按"START"键,启动离心运行系统。在运行过程中,必须确认离心机无异常振动或声响,并达到设定的各项参数指标,尤其是转速和运行时间。

(5) 离心结束,确认转速和时间均已经归零后,再次按"VACUUM"键,解除真空状态,直至气压平衡。然后打开离心机门盖,小心拿出转子,取下离心管和平衡管,取出离心样品。

(6) 关闭电源,认真做好使用记录。

2.6.3 离心机使用注意事项

(1) 根据实验目的正确选择合适型号的离心机,并根据转速、预分离样品的性质和体积选用合适的符合离心机性能要求的离心管,并检查确认转子、离心管等无破损、无裂痕,严禁使用有锈蚀或裂纹的转子和离心管。

(2) 离心管内样品量不能超过所用离心机说明书上规定的最大加样量。

(3) 装有离心样品的离心管或者样品管与平衡管必须通过天平精密配平。配平时,两管之间的重量差绝对不能超过所用离心机说明书上规定的范围。

(4) 配平后的离心管在放置时须对称放入转子孔腔内(图 2.6.2)。如果离心管和转子孔腔带有编号,则将离心管准确放入与之有相应编号的转子孔腔中。

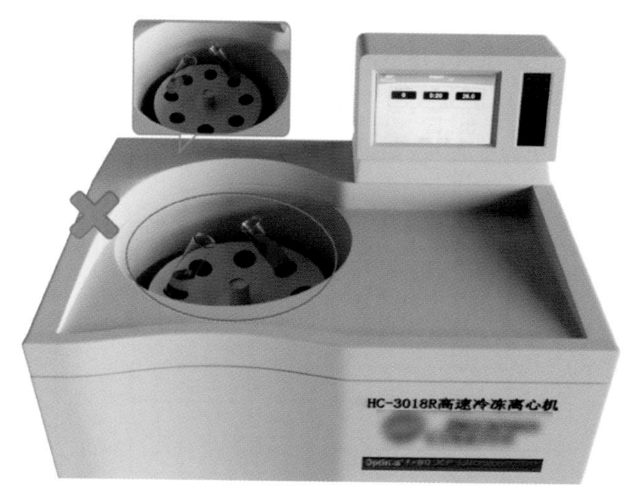

图 2.6.2 离心机安全使用注意事项

注:离心管内样品量不能超过所用离心机说明书上规定的最大加样量;确保样品管严格配平;样品管对称放入转子孔腔中。

(5) 在运行冷冻离心机时,可提前将已选择的转子放入离心机内预冷。离心机处于预冷状态时,必须关闭离心机门盖。

(6) 离心操作开始前,应确保离心管盖以及转子盖均已盖紧,以防离心时转子失衡飞出离心机腔体。

(7) 实际转速必须低于离心机、转子和离心管的最高限速。

(8) 在离心机运行过程中,操作人员必须确认运行状态正常,不得擅自离开。如果听到异常声响或发现离心机异常振动,必须立即按"停止"键终止运行,并等待转子停稳,确认转速和时间均已经归零后,再打开离心机门盖,仔细检查问题出现的原因,并给予妥善解决。如果不能解决,必须详细记录,并上报负责人,请专业人员检查和维修,不能擅自拆卸。

(9) 离心操作结束后,必须认真清理离心机和转子内腔。

2.7 生物安全柜的操作规范及使用注意事项

生物安全柜是一种专为实验室设计的安全设备,主要用于在受控环境中处理具有感染性或潜在感染性的实验材料,如病毒、致病菌株和原代培养物等。它提供了一个保护屏障,确保实验操作人员、周围环境乃至实验材料本身不受污染。根据其安全级别和设计标准,生物安全柜能够满足不同等级的生物安全需求。

外界空气经高效空气过滤器过滤后进入生物安全柜内,维持垂直气流和负压状态;柜内空气向外抽吸,经过高效空气过滤器过滤后再排放到大气中,有效地避免实验样品以及实验过程中产生的生物气溶胶和溅出物的污染,保障操作人员以及实验环境的安全。

生物安全柜根据气流和隔离屏障结构分为一级、二级和三级,以满足不同的生物安全要求。一级生物安全柜可保护操作人员和环境安全而不保护实验样品的安全,可用于P1或P2实验室。二级生物安全柜可保护操作人员和环境安全,同时也可保护实验样品安全,可用于P2或P3实验室。三级生物安全柜是为P4实验室生物安全而设计的,是目前最高生物安全防护等级的生物安全柜,适用于高风险的相关实验操作。

2.7.1 生物安全柜基本操作流程

生物安全柜基本操作流程具体见图2.7.1。

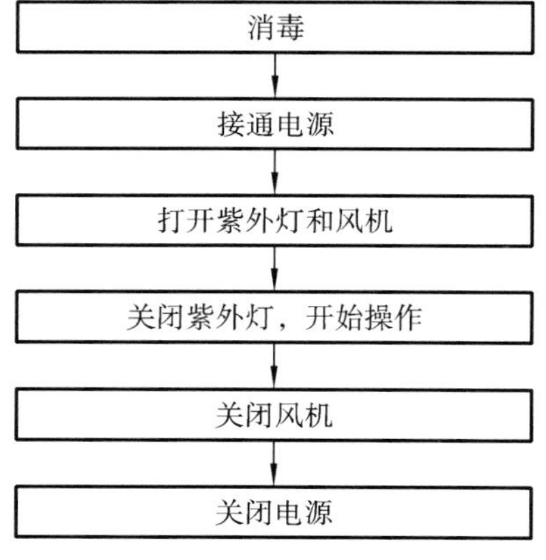

图 2.7.1 生物安全柜基本操作流程

2.7.2 生物安全柜操作规范

以 BSC-1000ⅡB2 生物安全柜为例，主要操作步骤如下。

(1) 在进行实验操作之前，用 75%酒精擦拭生物安全柜台面，进行清洁和消毒。

(2) 接通电源，打开风机与紫外灯，维持 30 min 进行灭菌。

(3) 关闭紫外灯，打开照明灯，始终在风机开启状态下进行实验操作。

(4) 实验操作结束后，清洁台面，继续维持风机开启状态约 10 min 再关闭。

(5) 关闭电源。

2.7.3 生物安全柜使用注意事项

(1) 生物安全柜内不能存放与实验无关的物品，避免物品间的交叉污染。

(2) 生物安全柜内的物品不能挡住气道口，以免干扰气体正常流动。

(3) 操作过程中严禁使用酒精灯等明火。

(4) 操作时不要将移门移过安全线的高度(图 2.7.2)。

(5) 操作结束后，柜内使用的物品应先消毒后再取出，并选用合适的清洁剂消毒生物安全柜内表面。

(6) 严禁将应在生物安全柜中进行的实验在生物安全柜以外的普通环境中进行。

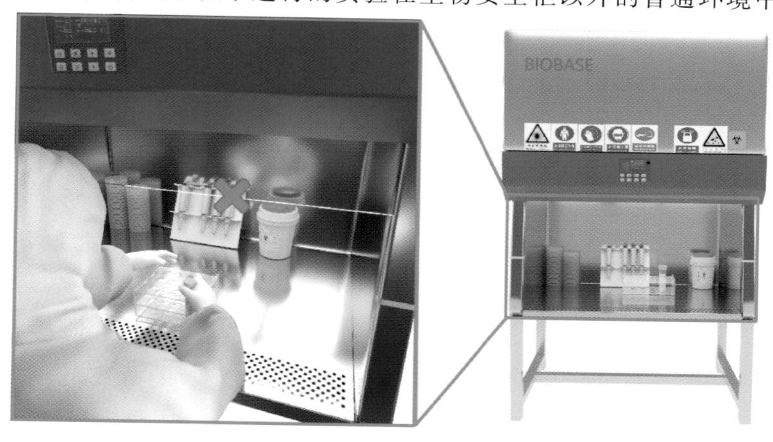

图 2.7.2 生物安全柜安全使用注意事项

注：使用生物安全柜时，不要将移门移过安全线的高度。

2.8 超净工作台的操作规范及使用注意事项

超净工作台是通过风机将空气经初效过滤器初滤、经静压箱进入高效过滤器二级过滤，然后以垂直或水平气流的状态将干净空气送出，形成局部无菌、高洁净环境的净化设备。超净工作台根据气体流动的方向分为垂直流超净工作台和水平流超净工作台。垂直流超净工作台的风机在顶部，风垂直吹，可最大程度地保障操作人员的身体健康；水平流超净工作台的风向外吹，多用于对操作人员健康影响不大的操作。另外，超净工作台根据其设计结构分为单边操作超净工作台和双边操作超净工作台两种形式。

2.8.1 超净工作台基本操作流程

超净工作台基本操作流程具体见图 2.8.1。

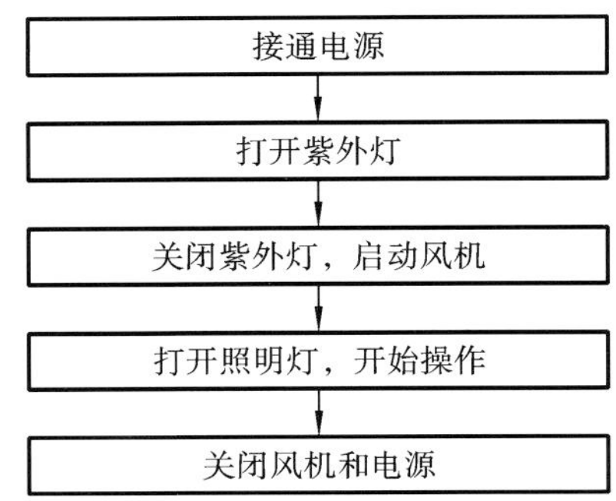

图 2.8.1 超净工作台基本操作流程

2.8.2 超净工作台的操作规范

生命科学实验室中为了能够在局部无菌条件下进行实验操作,通常在使用超净工作台前用紫外灯对超净工作台进行灭菌。紫外线如果直接照射皮肤、眼睛等,会对操作人员健康造成损害。此外,如果在超净工作台内对实验材料的处理和操作不当,也会损害操作人员健康、污染实验环境。因此,使用超净工作台时需要严格按照使用安全操作规范进行操作。现简述超净工作台的操作规范以及使用注意事项。

(1) 操作前准备:首先将超净工作台的玻璃移门拉至最下方,打开超净工作台总电源,打开紫外灯照射 20 min 进行杀菌。然后关闭紫外灯,将玻璃移门推高并启动风机,使风机运行 10 min 以排尽因紫外线照射产生的臭氧。

(2) 正式操作:打开照明灯,始终在保持风机运行的状态下进行所有实验操作。

(3) 结束操作:操作完成后,继续保持风机运行 10 min,然后依次关闭风机、照明灯和电源。

2.8.3 超净工作台使用注意事项

(1) 紫外线对皮肤和视网膜有很强的损害,因此,紫外线照射时要关闭玻璃移门。严禁在紫外灯开启时进行任何操作(图 2.8.2)。

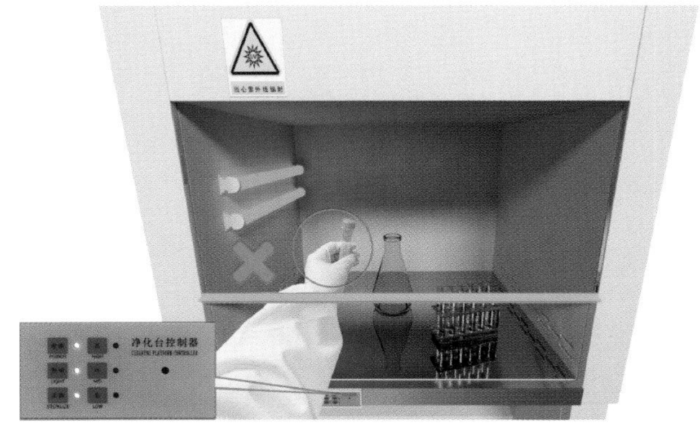

图 2.8.2 超净工作台安全使用注意事项

注:使用超净工作台时必须确保紫外灯关闭,不能在紫外灯打开的状态下操作。

(2) 使用带有移门的超净工作台操作时，移门的开启高度不宜过高（如拉至顶端），也不宜过低（如落至台面），以免影响风速和洁净度。

(3) 禁止在超净工作台的预过滤器进风口部位放置实验物品，以免挡住风口造成进风量减少，净化能力降低。

(4) 用酒精擦拭过的物品及双手，在酒精挥发干净前严禁靠近点燃的酒精灯，以防酒精灯失火造成安全事故。

(5) 超净工作台使用完毕后应及时清理所有无关物品。

(6) 不要频繁开关紫外灯和照明灯，以防缩短灯管的使用寿命。

(7) 定期检查空气滤网等滤材并清洁，老化或破损时应及时更换。

2.9 通风橱的操作规范及使用注意事项

通风橱是一种实验室安全防护设备，由工作台面、操作空间、排气系统和外壳组成。其主要功能是通过风机运转，将实验过程中产生的有害气体和气溶胶有效排出，以保障操作人员的身体健康和实验环境的安全。通风橱根据通风方式可分为无管通风式通风橱和全通风式通风橱两种。无管通风式通风橱不需要外连管道、不污染外部环境，但必须定期更换过滤材料。全通风式通风橱是将柜内空气抽出，经处理符合规定后，排到大气中。因此全通风式通风橱安装有专用的排风管道，可更有效地除去实验操作中产生的有害气体。

2.9.1 通风橱基本操作流程

通风橱基本操作流程具体见图 2.9.1。

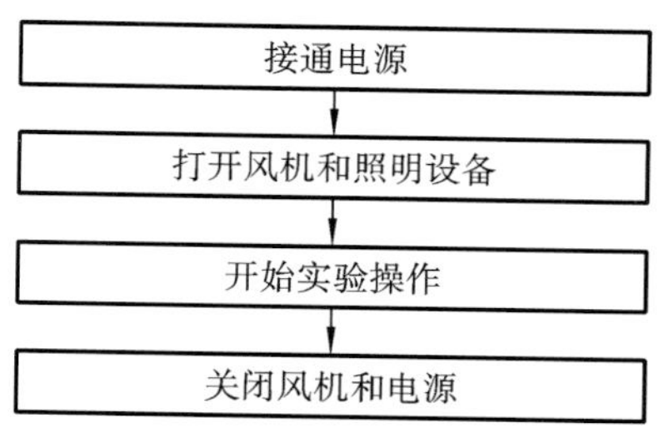

图 2.9.1 通风橱基本操作流程

2.9.2 通风橱操作规范

(1) 打开电源，启动风机系统，确定通风橱处于排风状态，然后打开照明设备。

(2) 打开玻璃视窗升至使用者手肘处，操作人员仅将手伸入通风橱内进行实验操作，而胸部以上则被玻璃视窗的安全钢化玻璃隔离保护。

(3) 使用结束后，关闭风机、照明设备和电源。

(4) 将通风橱内及时清洁干净，并将玻璃视窗还原到最低位置。

2.9.3 通风橱使用注意事项

(1) 使用前确认通风橱排风状态稳定，操作人员做好防护措施后，方可开始使用。

(2) 通风橱内应避免放置非必要物品、器材等,严禁放置易燃易爆品。

(3) 使用通风橱时,须先开启排风扇后才能进行操作。

(4) 操作强酸、强碱以及挥发性有害气体时,必须拉下通风橱的玻璃视窗进行操作,实验操作过程中严禁将玻璃视窗完全打开(图2.9.2)。

(5) 操作人员在使用通风橱进行实验时,严禁将头伸入玻璃视窗内。

(6) 实验结束后,严禁立即关闭通风橱。应继续通风1~2 min,确保通风橱内有毒有害气体或残留废气被全部排出。

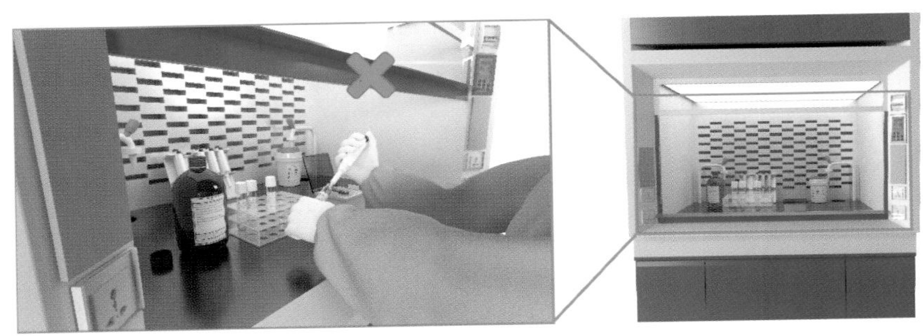

图2.9.2 通风橱安全使用注意事项

注:操作强酸、强碱以及挥发性有害气体时,必须拉下通风橱的玻璃视窗进行操作,实验操作过程中严禁将玻璃视窗完全打开。

2.10 激光器的操作规范及使用注意事项

激光器是产生激光的设备,它是基于受激辐射原理使光在某些受激发的物质中放大或振荡发射的器件(图2.10.1)。激光器按工作介质可分为气体激光器、固体激光器、半导体激光器、光纤激光器和染料激光器;按照工作模式可分为连续输出激光器和脉冲激光器;按照输出波长可分为紫外激光器、可见光激光器、红外激光器等。激光器应用广泛,主要用于荧光激发成像、神经调控、光镊、肿瘤治疗、激光美容等。

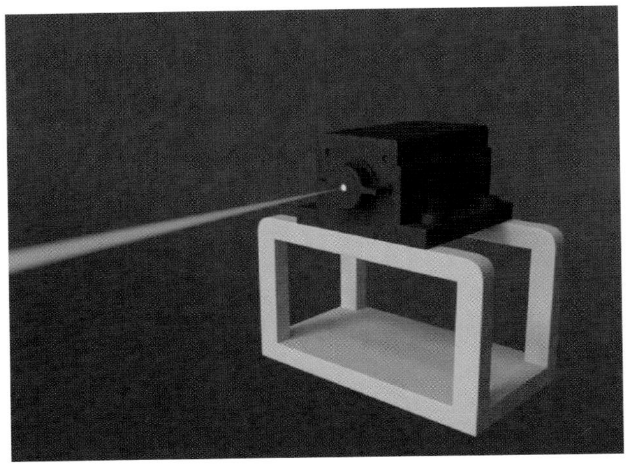

图2.10.1 激光器

2.10.1 激光器基本操作流程

激光器基本操作流程具体见图 2.10.2。

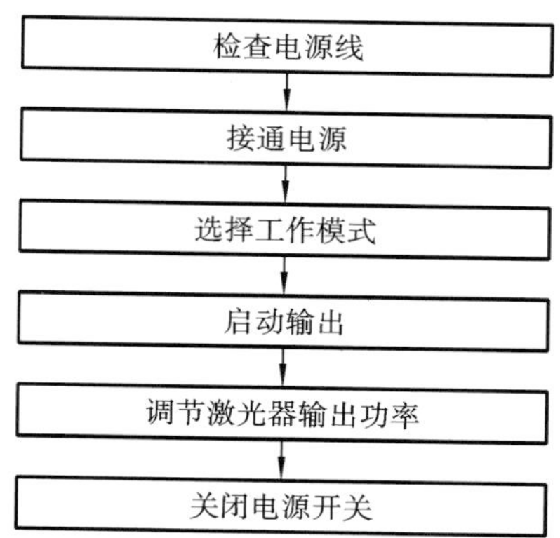

图 2.10.2 激光器基本操作流程

2.10.2 激光器操作规范

(1) 检查确认电源线连接正常。

(2) 开启激光器电源总开关,电源指示灯亮。

(3) 设置激光器工作参数,如连续或脉冲工作模式、输出波长等。

(4) 将钥匙开关旋转到"ON"位置,激光器输出激光。

(5) 根据实验需要,调节激光器输出功率(对于固定功率输出激光器,则不需要调节)。

(6) 使用结束,关闭钥匙开关,等 30 min 再关掉电源总开关。

2.10.3 激光器使用注意事项

(1) 激光器应在温度 20～30 ℃、相对湿度不超过 60%的洁净工作间使用,良好的工作环境是保障激光器稳定输出、工作寿命长的关键因素。

(2) 激光器操作应按照使用说明书中的操作步骤严格执行,操作不当可能损害激光腔。

(3) 激光器工作过程中严禁断电,对于某些激光器要求配备不间断工作电源。

(4) 对于高功率或强功率激光器,一般需要风冷、水冷或半导体制冷,应注意制冷效果,防止激光腔内温度过高,造成爆炸而损害激光器。

(5) 激光器属于专用精密设备,非厂家技术人员不得拆装激光器腔室和工作电源。

(6) 激光器应避免强烈的机械振动、碰撞、跌落及其他机械损伤。

(7) 一旦设备出现报警,应根据报警项对相关可能的因素进行排查,待引起报警的因素排除后,方可继续开机运行。禁止在出现报警后而未查到原因的情况下,多次重置并强行启动设备。

(8) 操作人员在操作过程中严禁用眼睛直视激光器发出的激光。

2.11 激光功率计的操作规范及使用注意事项

激光功率计是用来测量激光单位时间内平均功率的仪器。激光功率计通过传感器将光能转换成热量或电能,再转换为电信号输出,通过校准来精确测量激光功率的大小。激光功率计一般由探头和显示设备组成。

2.11.1 激光功率计基本操作流程

激光功率计基本操作流程具体见图2.11.1。

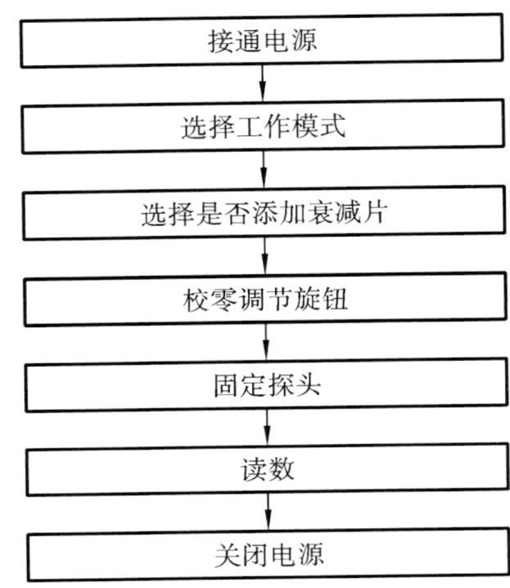

图2.11.1 激光功率计基本操作流程

2.11.2 激光功率计操作规范

(1) 打开激光功率计电源开关。

(2) 设置激光功率计工作参数,如激光波长、功率、测量范围等。

(3) 选择是否在激光功率计探头前添加衰减片。

(4) 调节激光功率计校零调节旋钮,使其显示设备读数为零。

(5) 固定激光功率计探头,使激光垂直照射探头中心。

(6) 读出激光功率计显示设备上的数值,即为待测激光器输出功率。

(7) 关闭激光功率计电源开关,取下探头妥善保存。

2.11.3 激光功率计使用注意事项

(1) 激光功率计应避免强烈的机械振动、碰撞、跌落及其他机械冲击。

(2) 保持仪器清洁,工作环境应无酸、碱等腐蚀性气体存在。

(3) 保护好激光功率计的探头,避免硬物戳伤探头表面或灰尘、手及其他脏物触及探头(图2.11.2)。

(4) 不得测量超过激光功率计最大允许激光功率密度的光源。

(5) 应选择合适参数进行激光功率测量，否则误差较大或测量不准。

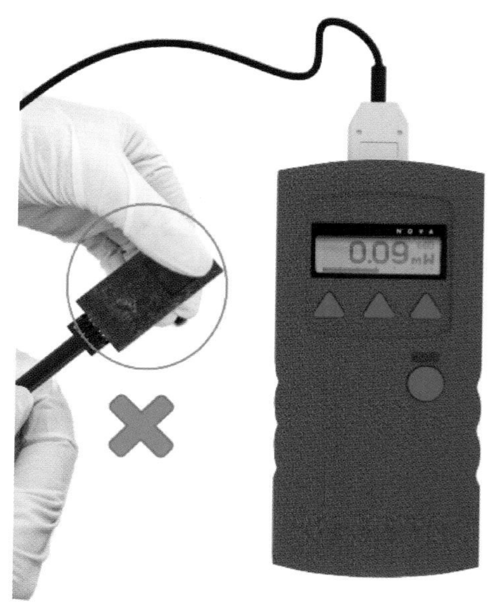

图 2.11.2 激光功率计安全使用注意事项

注：使用激光功率计时，须保护好探头，避免硬物戳伤探头表面或灰尘、手及其他脏物触及探头。

2.12 生物信号采集与分析系统的操作规范及使用注意事项

生物信号采集与分析系统是对生物信号进行采集与放大，并可高精度、高可靠性程控电刺激的设备。生物信号采集与分析系统通常有多个信号采集通道和刺激输出通道，可测量生物体内或离体器官中的生物电信号或张力、压力等生物非电信号波形，并可对实验数据进行存储、分析及打印。该系统可用于生理、药理、毒理和病理等实验。

2.12.1 生物信号采集与分析系统基本操作流程

生物信号采集与分析系统基本操作流程具体见图 2.12.1。

2.12.2 生物信号采集与分析系统操作规范

(1) 打开仪器电源开关。

(2) 检查确认仪器通过 USB 线与计算机连接良好。

(3) 将信号电极的正负端、参考电极连接到待测生物体上(图 2.12.2)。

(4) 双击计算机桌面上的“生物信号采集与分析系统”图标，进入系统软件操作界面(以下以采集肌电信号为例)。

(5) 设置采样频率、放大倍数、滤波器频率等参数。

(6) 在软件菜单栏中选择实验类型，在其下拉菜单中选择需要进行的实验内容。

(7) 点击工具栏中的“开始”按钮，系统开始在波形显示区中显示从左向右移动的数据。

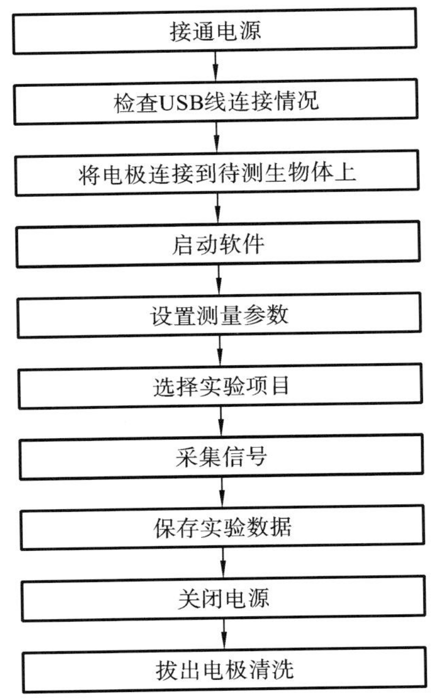

2.12.1 生物信号采集与分析系统基本操作流程

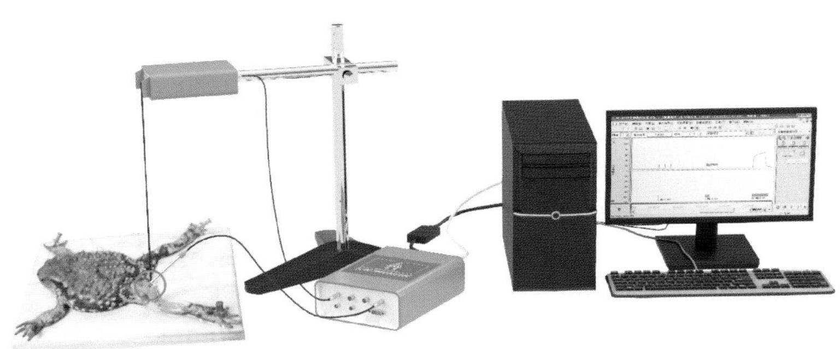

图 2.12.2 生物信号采集与分析系统规范操作

点击工具栏中的“暂停”按钮，系统暂停记录波形。

(8) 波形数据记录完毕，点击工具栏中的“停止”按钮，系统停止采样。

(9) 点击工具栏中的“保存”按钮，系统弹出“另存为”对话框，输入文件名和选择存储位置，将当前记录数据保存到计算机特定位置。

(10) 实验结束，先退出系统应用软件，再关闭仪器电源开关。

(11) 拔出电极，清洗并存放于电极盒中。

2.12.3 生物信号采集与分析系统使用注意事项

(1) 仪器开启时，先开启硬件开关，再开启应用软件；仪器关闭时，先退出应用软件，再关闭硬件开关。

(2) 采集记录生物信号时，应注意电极的极性并确保电极刺入待测生物体位置的准确性，如果不适当则会使测量信号幅值过低或根本无法获得信号。

(3) 使用生物信号采集与分析系统进行电刺激生物实验时，应避免电极正、负端短接，引起信号短路，损坏仪器设备。

(4) 在实验测量过程中，可根据需要选择记录与否，以实现磁盘空间的高效利用。

(5) 在连续采样条件下，系统总的采样频率在 250 kHz 之内，如果用户打开多个通道进行采样，所有通道的采样频率总和不能超过 250 kHz，否则该次选择无效。

2.13 凝胶成像仪的操作规范及使用注意事项

凝胶成像仪是利用紫外线激发带有荧光标记的实验样品发出荧光，并进行荧光检测的仪器。凝胶成像仪在生命科学实验室中常用来定性和定量检测核酸、蛋白质等物质。凝胶成像仪有普通凝胶成像分析系统、化学发光成像分析系统、多色荧光成像分析系统、多功能活体成像分析系统等类型。

2.13.1 凝胶成像仪基本操作流程

凝胶成像仪基本操作流程具体见图 2.13.1。

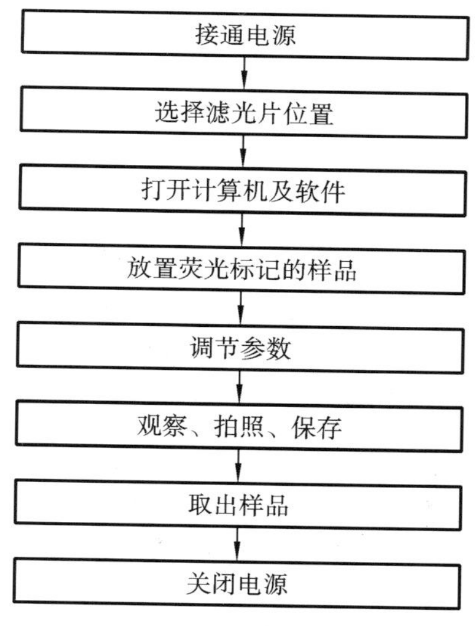

图 2.13.1 凝胶成像仪基本操作流程

2.13.2 凝胶成像仪的操作规范

以 ChemiDoc XRS+化学发光成像分析系统为例，主要操作步骤如下。

(1) 打开仪器电源开关以及 CCD 摄像机电源开关。

(2) 将滤光片切到“FILTER 1”的位置。

(3) 开启计算机，双击桌面上的“Quantity One”图标，打开拍摄软件。

(4) 点击“Basic”按钮，选择“ChemiDoc XRS”，打开图像采集界面。

(5) 将标记了荧光物质的凝胶样品放置在样品台上。

(6) 点击“Live/Focus”按钮，激活实时调节功能，打开白光灯，调节凝胶位置，使计算机上的画面内能显示图像，并使图像处于计算机画面中央。

(7) 分别点击“IRIS”(光圈)、“ZOOM”(缩放)、“FOCUS”(聚焦)调节图像至合适的亮度、大小以及清晰度。

(8) 从“Select Application”下拉列表中选择“UV Transillumination”(透射 UV),点击“Auto Expose”按钮,系统将自动选择曝光时间成像。若不满意,手动输入曝光时间,点击“Manual Expose”按钮进行手动曝光,得到满意图像后再保存。

(9) 拍摄结束后,从样品台上取出凝胶,并回收到指定容器内进行无害处理。

(10) 关闭软件窗口,切断仪器电源以及 CCD 摄像机电源,关闭计算机。

2.13.3 凝胶成像仪使用注意事项

(1) 将凝胶样品放置于仪器的样品板上之前,须确认紫外灯处于关闭状态。紫外线会伤害人体组织器官,尤其是皮肤和眼睛,因此,严禁用未戴手套的手直接抓取凝胶样品并暴露于紫外线下(图 2.13.2)。

(2) 溴化乙锭属于致癌物,须严格区分溴化乙锭污染区和非污染区,防止污染区向非污染区的扩散。

(3) 拍摄时,不要将过量的缓冲液倾倒在投射底座上。

(4) 拍摄完毕立即关闭紫外灯电源。彻底清洁样品板,除去残留的电泳缓冲液。

(5) 严禁用金属物或其他硬物直接接触紫外滤光片,防止紫外滤光片被刮花。

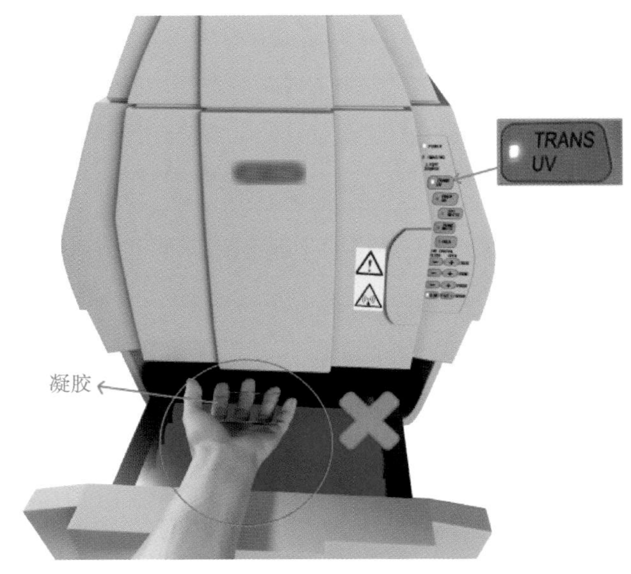

图 2.13.2 凝胶成像仪安全使用注意事项

注:将凝胶样品放置于仪器的样品板上之前,须确保紫外灯关闭,且须戴手套拿取含有溴化乙锭的琼脂糖凝胶。

2.14 磷屏扫描成像仪的操作规范及使用注意事项

磷屏扫描成像仪是基于磷光反应的同位素分析设备。其基本原理是经放射性同位素标记的样品在涂有光敏磷光晶体的磷屏上曝光的过程中,放射性同位素衰变发出的射线会激发磷屏分子，使磷屏分子吸收能量发生氧化反应，以高能氧化态的形式储存能量。当一定波长的激光扫描磷屏时，高能氧化激发态的磷屏分子发生还原反应，从激发态回到基态，磷屏储存的能量以光子的形式释放。光子被光电倍增管捕获后转换为电信号，电信号经计算机处理形成图像，再利用软件对此图像进行分析，即可得到待测样品的定性或定量结果。磷屏扫描成像仪主要由磷屏、扫描系统以及计算机组成，可用于 Southern 印迹杂交、Northern 印迹杂交等杂交实验，电泳迁移率变动分析(electrophoretic mobility shift assay，EMSA)和小分子药物代谢分析等。

2.14.1 磷屏扫描成像仪基本操作流程

磷屏扫描成像仪基本操作流程具体见图 2.14.1。

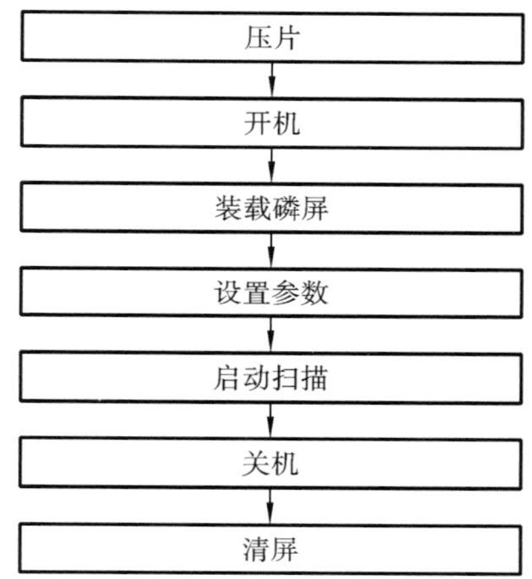

图 2.14.1 磷屏扫描成像仪的基本操作流程

2.14.2 磷屏扫描成像仪的操作规范

以 Amersham Typhoon IP 为例，主要操作步骤如下。

(1) 压片：将储能磷屏的白色面(曝光面)朝上放置于卡座中，再将放射性同位素样品包裹在塑料薄膜中正面朝向磷屏放置在卡座中。在卡座中放置磷屏达到所需的曝光时间。

(2) 开机：依次开启仪器、计算机和控制软件。

(3) 装载磷屏：将磷屏放置于磷屏载物台上，倒置磷屏载物台于载物台支架上，磷屏白色面朝下，推入扫描仪内。

(4) 设置参数：①在软件主窗口中选择扫描模式。②在“Stage/Area”窗格中选择要扫描的区域。③在“Image folder”字段中选择用于保存图像文件的目录。④在“File name”字段中输入图像文件的名称。⑤选择图像文件格式。

(5) 启动扫描：单击“Scan”按钮，扫描完成后图像文件将自动保存。

(6) 关机：从扫描仪中取出磷屏，依次关闭控制软件、计算机、仪器。

(7) 清屏：使用清屏仪完全擦除磷屏。

2.14.3 磷屏扫描成像仪使用注意事项

(1) 样品厚度不能超过 3 mm,否则可能损坏磷屏。

(2) 勿使磷屏直接接触样品,须用保鲜膜包裹样品或者用保鲜膜将样品的上下均覆盖后再放到磷屏上进行压片,以免磷屏被放射性核素污染。

(3) 压片过程及取出磷屏置于成像仪待测试的过程需要全程避光。

(4) 磷屏使用前后需用清屏仪清屏 10～15 min,防止前后两次曝光结果产生重影。

(5) 磷屏易吸水,样品须干燥后才能进行压片曝光操作。使用完毕后须将磷屏放置在干燥环境中。

(6) 放射性同位素相关操作须在同位素室内进行,操作人员需根据环境保护部审定的辐射安全培训和考试大纲,进行辐射安全培训及考核,考核合格方可使用同位素室。实验时必须正确穿戴实验服、口罩、手套和个人剂量计,并在相应的防护条件下操作(图 2.14.2)。

(7) 戴手套后切勿触碰与实验无关的物品,防止污染。

(8) 严禁任何口吸法操作或鼻嗅放射性制剂。

(9) 操作前后须监测操作台放射剂量,避免同位素泄漏。

(10) 放射性同位素标记样品应当单独存放,禁止与易燃、易爆、剧毒、腐蚀性物品放在一起。

(11) 实验废弃物处理:短半衰期的放射性废物,如^{32}P、^{51}Cr 等,须暂存于指定废物储存桶,至十个半衰期后方可当作普通实验垃圾处理;长半衰期或毒性大的放射性废物,如^{3}H、^{14}C 等,须用容器密封并做好标记,置废物储存间暂存,最终由专业的放射性废物处理机构定期清运。

(12) 放射性同位素操作人员应定期体检,凡面部、手部有伤口或患病的操作人员应暂时停止与接触放射性同位素相关的工作。

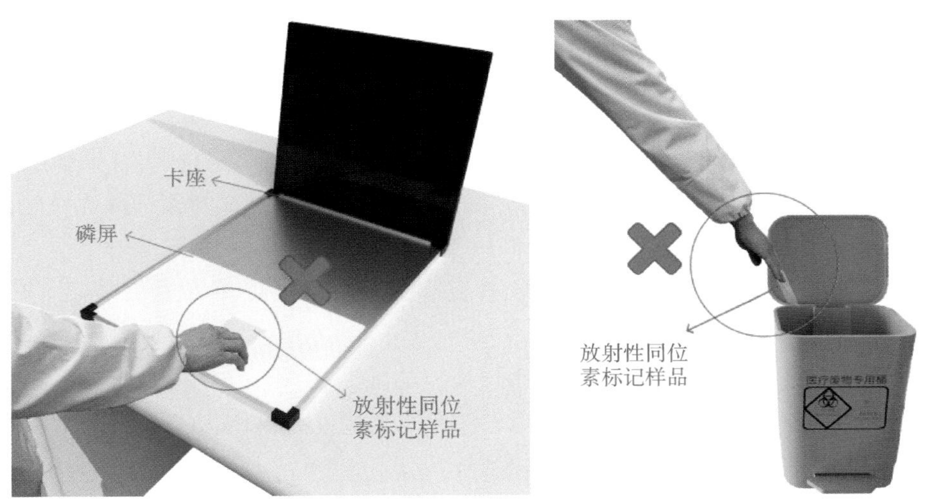

图 2.14.2 磷屏扫描成像仪安全使用注意事项

注:使用磷屏扫描成像仪时,须做好防护,严禁用手直接触碰放射性同位素标记的样品;压片时用保鲜膜包裹样品或者用保鲜膜将样品的上下均覆盖后再放到磷屏上,防止磷屏被放射性同位素污染;放射性同位素标记的废弃物切不可随意丢弃,必须存放于指定储存桶中,交由专业机构处理。

2.15 光学显微镜的操作规范及使用注意事项

光学显微镜(light microscope)通常由光学部分、照明部分和机械部分组成。根据功能可以分为明场显微镜(普通光学显微镜)、暗场显微镜、荧光显微镜、激光扫描共聚焦显微镜和超分辨成像显微镜等。根据物镜与光源的空间关系,可以分成正置显微镜和倒置显微镜。根据成像的特殊部件,又可分为偏光显微镜、相差显微镜和微分干涉差显微镜等。

光学显微镜的光学部分主要由物镜和目镜组成,来自被观察物体的光经过物镜后形成一个放大的实像,该实像被送到目镜通路再次被放大成为虚像投射到观察者的视网膜上。经过两次放大后,观察者可看到肉眼看不见的微小物体。此外,从物镜得到的实像也可以切换到显微镜的其他通路,例如 CCD 摄像机通路或者光电倍增管(PMT)通路,从而进行拍照或扫描成像。物镜作为光学显微镜的核心关键部件,需要特别爱护地使用,防止镜头玻璃表面被刮花或污染。

光学显微镜的照明部分可提供明场照明、偏光照明、相差照明、荧光照明、结构光照明等。光学显微镜的机械部分主要用于各部件的固定,物镜切换以及物镜和样品的焦距调整。

在光学显微镜的各部件中,照明光源和物镜是影响成像质量的核心部件,也是关乎人员和设备安全的重点部件。

2.15.1 光学显微镜基本操作流程

不同类型的光学显微镜操作流程虽然略有不同,但基本相似,具体如图 2.15.1 所示。

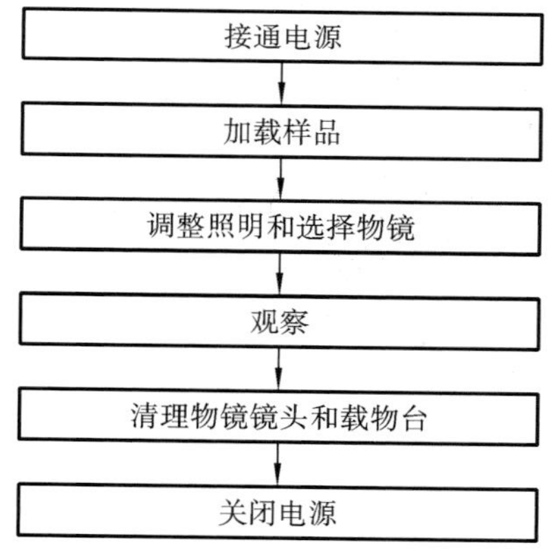

图 2.15.1 光学显微镜基本操作流程

2.15.2 光学显微镜的操作规范

光学显微镜按照配置大致可分为透射照明显微镜、荧光显微镜(正置或倒置)、单光子共聚焦显微镜(正置或倒置)、双光子显微镜、超分辨成像显微镜等。实验人员在使用光学显微镜前应参加相应的培训,考核合格后方可独立使用。

1. 正置透射照明显微镜的操作规范(以 Olympus BX-53 为例,仪器照片见图 2.15.2)

(1) 检查显微镜卤素灯光源,将亮度旋钮调到最小,通电开机。

(2) 加载样品。若使用的是载玻片+盖玻片,须确保盖玻片的这一面朝上面对物镜,样品

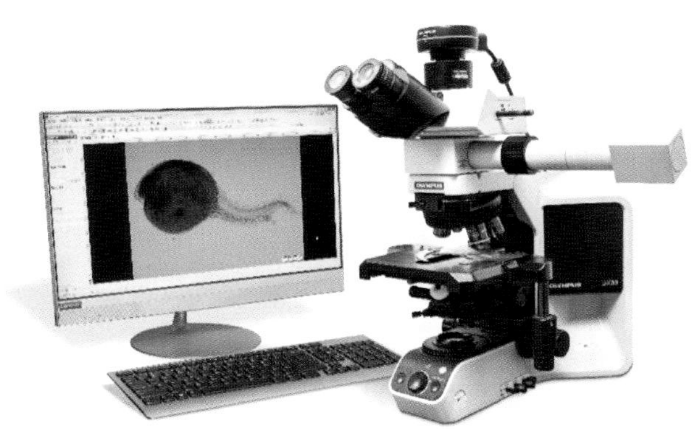

图 2.15.2　Olympus BX-53 正置透射照明显微镜

或盖玻片的厚度应小于物镜工作距离。若使用的是培养皿,通常只能使用长工作距离的低倍物镜,且物镜不能探入液面(只有特殊的陶瓷物镜镜头才能接触液体)。

(3) 根据观察需要调整物镜聚焦、照明亮度和聚光器聚焦设置,进行透射明场照明观察。

(4) 打开摄像机,启动计算机,运行成像软件,通过软件控制摄像机进行拍摄。

(5) 实验结束后,清理载物台和物镜镜头。

(6) 退出成像软件,关闭计算机,并关闭摄像机。

(7) 检查显微镜卤素灯光源,将亮度旋钮调至最小,断电关机。

2. 倒置荧光显微镜的操作规范(以 Nikon Ti2 为例,仪器照片见图 2.15.3)

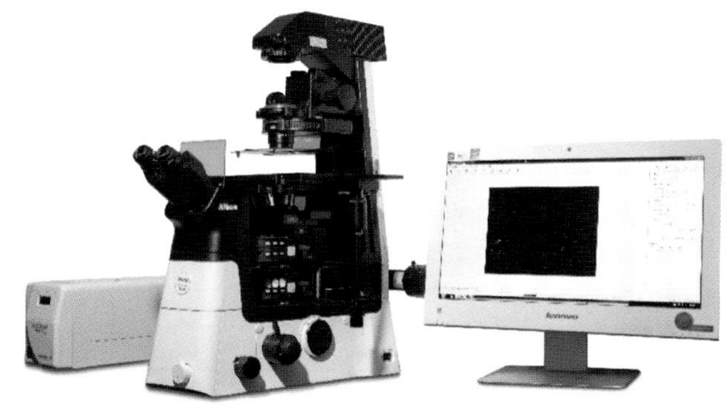

图 2.15.3　Nikon Ti2 倒置荧光显微镜

(1) 检查显微镜卤素灯光源,将亮度旋钮调到最小,通电开机。

(2) 检查汞灯光源,通电开机,等待汞灯灯箱状态灯由闪烁转为常亮。

(3) 加载样品。若使用的是载玻片+盖玻片,确保盖玻片的这一面朝下面对物镜,盖玻片和样品的厚度之和应小于物镜工作距离。若使用的是培养皿,选择足够薄的皿底玻片(例如 0.1 mm),如果培养皿底部厚度超过物镜工作距离,将无法正常聚焦。

(4) 切换到透射明场照明,调整物镜聚焦、照明亮度和聚光器聚焦设置,进行透射明场照明观察。

(5) 切换到荧光照明,调整物镜,选择合适的激发滤镜,进行荧光观察。

(6) 打开摄像机,启动计算机,运行成像软件,通过软件控制摄像机进行拍摄。

(7) 实验结束后,清理载物台和物镜镜头。

(8) 退出成像软件,关闭计算机,并关闭摄像机。

(9) 检查显微镜卤素灯光源,将亮度旋钮调至最小,断电关机。

(10) 关闭汞灯光源。

3. 激光共聚焦显微镜的操作规范(以 Olympus FV3000 为例,仪器照片见图 2.15.4) 激光共聚焦显微镜系统中的附属设备种类较多,需要有序通电开机,各附属设备按如下顺序进行编号:

【1#. 汞灯光源(电源开关+功能按钮)】

【2#. 工作站计算机(电源开关)】

【3#. 显微镜主控器(电源开关)】

【4#. 显微镜 XYZ 移动控制器(电源开关)】

【5#. 显微镜触控板(电源开关)】

【6#. 扫描控制器(电源开关+功能钥匙)】

【7#. 激光控制器(电源开关+功能钥匙)】

图 2.15.4 Olympus FV3000 激光共聚焦显微镜

上述附属设备可分为两类,一类是通过电源开关实现一步到位的直接通电开机。另一类则需要分两步操作,先将电源打开使设备进入半开机状态,再使用功能钥匙(或功能按钮)来激活设备全面开机,此类设备主要包括汞灯光源、扫描控制器和激光控制器。对于采用两步法开机的附属设备,在通电前需要统一检查机身上的钥匙位置,确保钥匙处于“OFF”状态后启动电源开关,稍等几秒后再将钥匙拧至“ON”状态,完成开机。

主要开机步骤如下。

(1) 按上述附属设备的编号顺序,从 1# 至 7# 依次开机。其中汞灯光源通电后需长按功能按钮 2 s,以开启汞灯。

(2) 检查显微镜触控板,将目标物镜降到最低位置。

(3) 如果需要使用油镜,应正确清洁镜头并滴加镜油。

(4) 加载样品。若使用的是载玻片+盖玻片,确保盖玻片的这一面朝下面对物镜,盖玻片和样品的厚度之和应小于物镜工作距离。若使用的是培养皿,选择足够薄的皿底玻片(例如 0.1 mm),如果培养皿底部厚度超过物镜工作距离,将无法正常聚焦。

(5) 通过显微镜触控板选择明场观察模式,选择适当的物镜,调整物镜聚焦、照明亮度和聚光器聚焦设置,通过目镜镜筒进行透射明场观察。

(6) 通过显微镜触控板选择荧光观察模式,并选择合适的激发滤镜,通过目镜镜筒进行荧光观察。

(7) 通过显微镜触控板禁用荧光照明后,上推目镜镜筒,等待系统切换到激光扫描成像模式。一旦激光进入显微镜体,严禁使用目镜镜筒进行任何观察。

(8) 启动扫描软件,并切换到扫描成像模式。选择激光器波长和出光能量,进行扫描成像,并在计算机显示器上观察样品成像。

(9) 如果进行多样品实验,需返回至第(2)步,重复步骤(2)~(8)。

(10) 实验结束后,退出扫描软件,并清理载物台和物镜镜头。

(11) 通过显微镜触控板将物镜降至最低位置。

(12) 如果使用了油镜,必须用擦镜纸蘸取无水酒精清理镜头残油,严禁干擦。

(13) 通过显微镜触控板将10×物镜居中放置,使高倍物镜位于载物台侧下方区域,从而避免灰尘污染。

(14) 按附属设备的编号从7#至1#依次关机。对于只有电源开关的附属设备,直接断电关机即可。对于采用两步法开机的附属设备,先将其功能钥匙拧至"OFF"状态,再断电关机。其中汞灯需要通过面板功能按钮,长按超过2 s熄灭灯泡,并自动进入300 s倒计时冷却保护流程,且必须等倒计时结束后方可断电。

4. 双光子显微镜的操作规范(以Olympus FV MPE-RS为例,仪器照片见图2.15.5) 双光子显微镜系统中的附属设备种类较多,需要有序通电开机,各附属设备按如下顺序进行编号:

【1#.汞灯光源(电源开关+功能按钮)】

【2#.工作站计算机(电源开关)】

【3#.显微镜主控器(电源开关)】

【4#.显微镜Z移动控制器(电源开关)】

【5#.显微镜触控板(电源开关)】

【6#.扫描控制器(电源开关+功能钥匙)】

【7#.飞秒激光器(该设备处于常年开机通电状态,绝对不可切断电源!)】

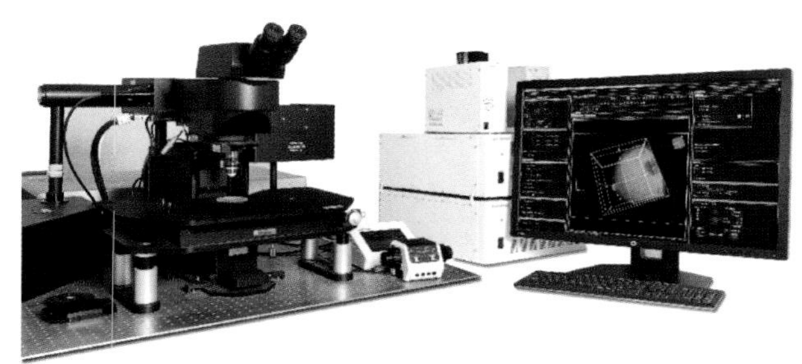

图2.15.5 Olympus FV MPE-RS双光子显微镜

上述附属设备可分为两类,一类是通过电源开关实现一步到位的直接通电开机。另一类则需要分两步操作,先将电源打开使设备进入半开机状态,再使用功能钥匙(或功能按钮)来激活设备全面开机,此类设备主要包括汞灯光源和扫描控制器。对于采用两步法开机的附属设备,在通电前统一检查钥匙并使其处于"OFF"状态,然后通电,稍候几秒再将钥匙拧至"ON"状态,完成开机。此外,【7#.飞秒激光器】处于常年开机通电状态,无须特别操作。

主要开机步骤如下。

(1) 按上述附属设备的编号顺序依次开机。其中汞灯光源通电后,使用功能按钮长按超过2 s以点亮汞灯。

（2）检查显微镜触控板，将目标物镜上升到最高位置。

（3）加载样品。若使用的是载玻片＋盖玻片，确保盖玻片的这一面朝上面对物镜，样品或盖玻片厚度应小于物镜工作距离。若使用的是培养皿，使用 40× 的水镜，可以探入液面，抵近观察样品。

（4）根据观察需要调整物镜、照明亮度和聚光器聚焦设置，通过目镜镜筒进行透射照明观察。

（5）根据观察需要调整物镜，选择合适的激发滤镜，通过目镜镜筒进行荧光观察。

（6）通过显微镜触控板禁用荧光照明后，上推目镜镜筒，等待系统切换到激光扫描成像模式。一旦激光进入显微镜体，严禁使用目镜镜筒进行任何观察。

（7）启动扫描软件，通过扫描软件的功能按钮启动【飞秒激光器】输出，等待其稳定锁模后方可使用。选择飞秒激光器的波长和出光能量，进行扫描成像，并在计算机显示器上观察样品成像。

（8）如果进行多样品实验，需返回至第(2)步，重复步骤(2)～(7)。

（9）实验结束后，通过扫描软件的功能按钮禁止【飞秒激光器】输出，等待其完成该操作后，退出扫描软件。

（10）清理载物台和物镜镜头。

（11）按附属设备的编号从 7＃ 至 1＃ 依次关机。对于只有电源开关的附属设备，直接断电关机即可。对于采用两步法关机的附属设备，先将功能钥匙拧至“OFF”状态，再断电关机。其中汞灯需要通过面板功能按钮长按超过 2 s 熄灭灯泡，并自动进入 300 s 倒计时冷却保护流程，必须等倒计时结束后方可断电。

2.15.3 光学显微镜使用注意事项

1. 物镜使用注意事项 物镜是光学显微镜的核心部件，物镜镜头需要保持清洁。油镜在使用时切勿滴加过多镜油，使用完毕须用擦镜纸蘸取无水酒精清洁镜头。

2. 光源使用注意事项 所有光源忌频繁开关，开关之间要保证足够的时间间隔。汞灯、氙灯、金属卤素灯、气体激光器等光源通电后，至少要运行 30 min，且断电后需要冷却 30 min 以上才能再次开机。此外，光源的启动也需要分步操作，逐步打开通电开关和功能钥匙，避免对光源产生冲击。LED 光源和半导体激光器虽然对开关机的时间限制较少，但仍应尽量避免频繁通电断电。双光子显微镜配套的飞秒激光器是一种高能量锁模脉冲激光器，对所处的环境要求很高，特别是湿度和温度，确保其冷却系统全年不间断运行。飞秒激光器的开机和关机，一般需要通过配套的软件进行操作，可有效防止用户的误操作。

3. 实验人员的人身安全 汞灯、氙灯、金属卤素灯的灯泡有爆炸的潜在危险，在进行更换或检查操作时必须佩戴防护眼镜。点亮后，其光谱范围内有很强的紫外光成分，禁止目视灯泡或光纤出光口，并禁止将光纤出光口对准其他人员。

在使用激光共聚焦显微镜时，注意显微镜部件上的激光警告标志和激光警告灯，一旦激光被导入显微镜，严禁在目镜镜筒观察(图 2.15.6)。

在使用双光子显微镜时，其飞秒激光器能量密度极高，绝对禁止擅自拆卸显微镜部件上的任何螺丝和盖板，以防止红外激光泄漏。激光器所在高度离地面 90～100 cm，眼睛处于这个高度范围内时，尽量避免面对显微镜平台。

图 2.15.6　激光共聚焦显微镜安全使用注意事项

注:激光共聚焦显微镜启动激光扫描成像时,严禁通过显微镜目镜进行观察。

2.16　透射电子显微镜的操作规范及使用注意事项

透射电子显微镜(transmission electron microscope,TEM),简称透射电镜,是一种把经加速和聚集的电子束投射到非常薄的样品上,电子与样品中的原子碰撞而改变方向,从而产生立体角散射的高分辨率分析仪器。散射角的大小与样品的密度、厚度相关,因此可以形成明暗不同的影像,这些影像经过放大、聚焦后在成像器件(如荧光屏、胶片以及感光耦合组件等)上显示出来。不同物质的化学特性、晶体方向、电子结构、造成的电子相移以及电子吸收不同,会有不同的成像效果。透射电子显微镜一般由电子光学系统、成像系统、真空系统、电源系统四部分构成。目前透射电子显微镜的分辨率可达 0.2 nm,比光学显微镜所能够观察到的最小结构还小数万倍,是生命科学、医学、材料科学等研究领域的重要分析工具。

2.16.1　透射电子显微镜基本操作流程

不同型号的透射电子显微镜操作流程虽然略有不同,但基本类似,具体如图 2.16.1 所示。

2.16.2　透射电子显微镜的操作规范

透射电子显微镜属于精密贵重仪器设备,操作不当可能引起仪器设备故障。因此,操作人员在使用前须参加专业的培训及考核,考核通过并获得独立操作权限后方可独立操作,或在设

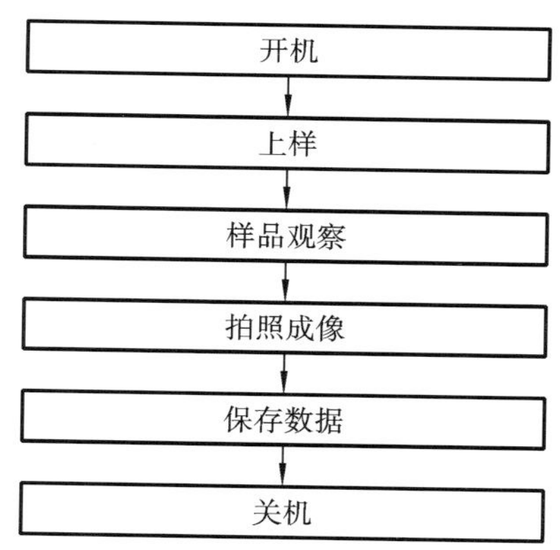

图 2.16.1 透射电子显微镜基本操作流程

备管理员指导下上机测试。以 HITACHI(日立)HT7700 生物透射电子显微镜为例,介绍其操作规范。

(1) 开机:启动冷却循环水系统,打开增压泵。开启“Col”按键为“ON”状态,系统自动进入 HT7700 操作软件界面。

(2) 放置样品。

①取出样品杆:关掉灯丝电流,将样品杆拔出一小段距离,顺时针旋转样品杆 15°,再将样品杆拔出一大段距离,并逆时针旋转 45°,样品杆停住。将真空开关从“EVAC”拨到“AIR”,待“AIR”红灯熄灭后,水平取出样品杆。

②打开弹簧夹具,依次将承载样品的铜网放置在样品杆夹具中间的凹槽内,再轻轻合上弹簧夹具。

③装上样品杆:关掉灯丝电流,平行将样品杆装入镜筒,直至“AIR”红灯亮起,样品杆停住。将真空开关从“AIR”拨到“EVAC”,等到“EVAC”绿灯亮起。在“EVAC”绿灯亮起的 20 s 内(若超过 20 s 绿灯会自动熄灭,此时应再次将真空开关从“EVAC”拨到“AIR”再拨回到“EVAC”,这样“EVAC”绿灯会再次亮起),将样品杆顺时针旋转 45°,然后将样品杆慢慢送入一大段距离,再逆时针旋转样品杆 15°,慢慢送入整个样品杆。

(3) 样品观察。

①选择合适的加速电压,并点击“HV”至“ON”状态(灯丝电压和电流处于自动模式下)。

②选择好区域后在荧光屏摄像机上进一步调整,利用“Mag”旋钮进一步增大或缩小放大倍数,同时通过“Brightness”调整光斑亮度。若光斑不在中心,则需通过“BH-xy”旋钮随时将光斑拉至荧光屏中心。

③选定区域后,调整光斑密度至 10^{-12},切换至 CCD 摄像机模式进行聚焦调整(“Focus”上“F/C”亮时粗调,熄时微调)。

④在 CCD 摄像机模式界面,点击“Freeze”固定图像,点击“Save”存储图像。

⑤样品观察结束,退出 CCD 摄像机模式,并点击“Stage”切换其他样品观察。

⑥需要更换样品时,关掉 Beam 电流,取出样品,更换样品后继续观察。

(4) 关机:取出样品,将空样品杆装入镜筒,关闭加速电压和操作软件,将“Col”从“ON”状态切换到“OFF”状态,等面板灯熄灭后关闭增压泵、冷却系统。

2.16.3 透射电子显微镜使用注意事项

(1) 透射电子显微镜禁用于磁性样品,磁性样品容易磁化电镜的物镜极靴,导致像散增大和图像畸变,造成电镜分辨率下降。

(2) 电子枪移动时,请勿用手触碰,以防夹伤(图2.16.2)。

(3) 勿触碰高压电源箱,以免触电。

(4) 在拔插样品杆之前,请关闭灯丝电流,避免电子辐射对身体造成损害。

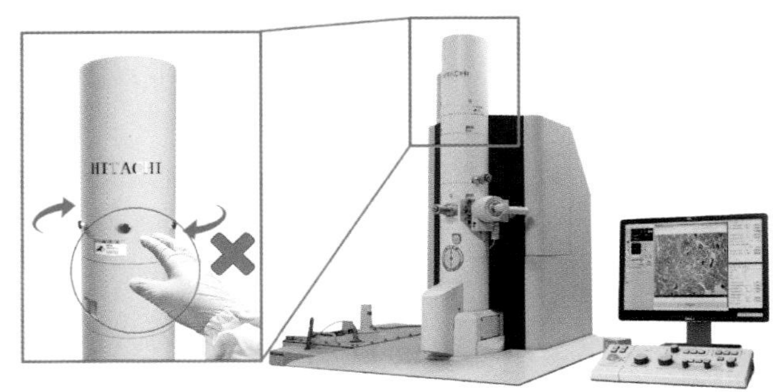

图 2.16.2 透射电子显微镜安全使用注意事项

注:在电子枪移动过程中不要用手触碰图中所示区域,以防夹手。

2.17 超薄切片机的操作规范及使用注意事项

超薄切片机主要用于对高分子材料或者生物样品做超薄切片处理,制作供透射电子显微镜用的超薄切片。它可将各种包埋剂包埋的样品用玻璃刀或钻石刀切成厚度在100 nm以下的超薄切片。该仪器构造基于显微镜原理,样品固定在底座,通过显微镜的放大功能进行观察与定位,配置机械臂推进装置控制切割过程,最后用玻璃刀或钻石刀将样品切成厚度小于100 nm的薄片,以便后续使用透射电子显微镜进行观察与分析。

2.17.1 超薄切片机基本操作流程

现以超薄切片机Leica EM UC7为例,简单介绍超薄切片机基本操作流程(图2.17.1)。

2.17.2 超薄切片机的操作规范

操作超薄切片机时,会使用到刀片、玻璃刀等利器,须严格按照仪器使用说明进行操作。现以超薄切片机Leica EM UC7为例,介绍其操作规范。

(1) 开机:打开仪器触摸屏电源。

(2) 固定样品:将样品块固定在修块底座上,开启仪器顶灯照明,然后用双面刀片粗修,直至形状大致呈矩形。

(3) 安装玻璃刀:将样品夹在弧形样品夹上,并固定样品夹。然后安装玻璃刀(修块的玻璃刀,不需要安装水槽),尽量保证样品平行于刀锋,当刀锋距离样品约1 mm时固定刀台。

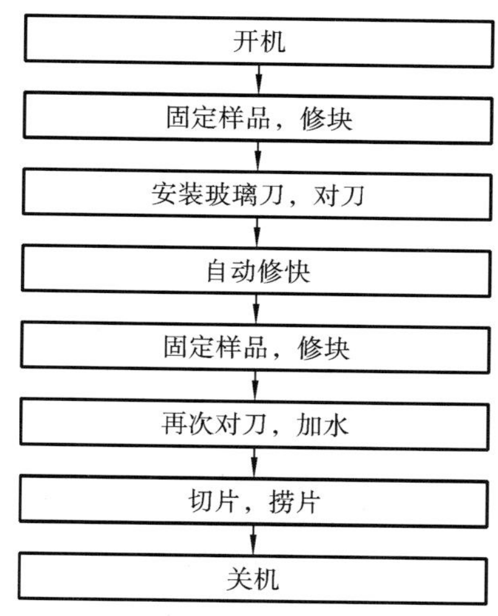

图 2.17.1 超薄切片机基本操作流程

(4) 对刀:移动刀台使之与样品块无限接近。打开背光灯照明,通过目镜观察,并小幅度移动触摸屏上的"W"和"E"(移动刀架的位置),同时转动手柄调节样品位置,以防样品碰触玻璃刀。当在显微镜下观察到样品面有一条光亮直线时可停止进刀。然后点击触摸屏上的相应程序,一般选择 100~500 档或 100~1000 档,点击"START"开始自动修块。

(5) 样品精修:待样品表面修平整后,取下样品,固定在修块底座上,然后用双面刀片继续修小样品至大约 200 μm,此时应避免再次触碰样品表面。将横截面修成等腰梯形。

(6) 安装水槽:将水槽与玻璃刀放置于加热台上加热,待两者温度适宜后对齐,并用蜡油封口。

(7) 再次对刀:将样品放置于弧形样品夹上,将装有水槽的玻璃刀慢慢推至距离样品约 1 mm处,锁住刀台。将放大倍数调至 4 倍,聚焦刀锋直至目镜中观察到刀锋呈一条直线。然后双手交替移动"N""S"和样品手柄,同时样品需要整圈转动。在样品和刀锋逐渐接近的过程中,会产生光带,需仔细观察。用玻璃刀的刀刃对准样品的下缘后,点击触摸屏上的"START",再次对准样品的上缘后点击"END"键。

(8) 调节水槽水面:向水槽中加满水,调节水面直至呈镜面状态。

(9) 开始切片:点击"START"按钮并从目镜中观察样品是否被切到。当样品被切到时,立即换 1-50 或 1-70 的程序切薄片。从水槽中观察切片的颜色,如切片为银白色,则表明厚度符合要求;如切片为彩色,则表明刀口不锋利,需要退刀并换刀后重新对刀再切片。

(10) 捞片:可采用捞片环或者睫毛针捞片。

①捞片环(空心环)捞片:直接将捞片环放入水槽中捞片,并放在铜网上(下面垫滤纸)。

②睫毛针捞片:用镊子夹住铜网以 45°角放入水槽中,慢慢提出 1/3 时,用睫毛针把切片推到铜网与水交界处。如果切片不是切片带,再提出 1/3,然后用睫毛针把另外一片切片推到铜网与水交界处,拿出铜网自然风干。

(11) 关机:切片结束后,点击触摸屏上的"MENU"键进入菜单界面,再点击"POWER OFF"关机。

2.17.3 超薄切片机使用注意事项

(1) 使用双面刀片以及玻璃刀时,必须小心操作,切勿用手直接触碰玻璃刀刀锋,以防割伤(图2.17.2)。

(2) 使用玻璃刀时,必须确保刀锋向上,且刀锋不能碰触杂物。

(3) 使用加热台时,必须小心以防烫伤,使用完毕后,立即关闭电源。

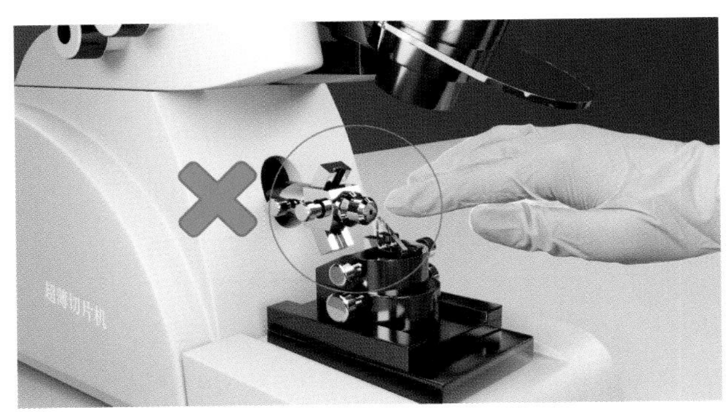

图2.17.2 超薄切片机安全使用注意事项

注:切勿用手直接触碰玻璃刀刀锋,以免割伤。

2.18 不规范操作引起安全事故实例

2.18.1 高压灭菌锅引起的爆炸事故

(1) 事故介绍:2004年8月,某公司一台高压灭菌锅发生爆炸事故,造成4人死亡,直接经济损失达20万元。

(2) 事故原因分析:相关作业人员未经培训上岗、安全意识淡薄、违章操作,在高压灭菌锅的电子测温仪表因停电不能显示温度的情况下,仍然擅自旋开高压灭菌锅门盖,导致过热蒸汽减压膨胀,最终引发蒸汽爆炸事故。

2.18.2 烘箱引起的爆炸及火灾事故

(1) 事故介绍:2020年2月,某公司因烘箱电路短路引起火灾事故,造成过火面积2880 m^2,直接经济损失约772万元,所幸无人员伤亡。

(2) 事故原因分析:上述事故的直接原因是贯穿烘箱的电气线路发生了一次短路,产生的电火花将烘箱内右门边的木质托板引燃。六氢苯酐桶受高热失去支撑倾倒溢出,在烘箱有限空间内发生爆燃,大量高温烟气与火苗从门缝中反复喷出,进而引燃了周边环氧树脂及其他可燃物料。应该注意,烘箱等加热设备内严禁放入易燃、易爆试剂及易燃物品,烘箱周围严禁放置可燃物品。

2.18.3 离心机引起的事故

(1) 事故介绍:某高校实验室因离心瓶盖未盖紧导致离心时漏液失衡,同时转子盖也未盖紧导致离心管飞出转子，最终导致离心机驱动轴承断裂，转子在高速运行中飞出离心机腔体。

(2) 事故原因分析：学生在实验操作过程中未规范操作，未严格拧紧离心瓶盖和转子盖，导致离心过程中出现失衡现象，进而造成了严重的机器磨损，并且存在潜在的人员伤亡风险。

2.18.4 生物安全柜引发的病毒感染

(1) 事故介绍：2004 年 4 月，曾在 2003 年肆虐中国的 SARS 病毒在北京市和安徽省再次暴发。此次 SARS 病毒感染者的病毒来自某病毒所实验室，一名实验人员违规将 P3 实验室中的病毒毒株带到腹泻病毒实验室（普通实验室）进行研究。此前，她对该毒株所做的灭活处理没有得到验证，最终造成实验人员感染。事故的后果是一名疑似病例死亡，7 人确诊为 SARS 患者，另有几百人被迫接受隔离观察。

(2) 事故原因分析：事故的直接原因包含两个方面，一是实验室主任擅自批准实验人员采取的新灭活方法，该方法未经学术委员会论证，科学依据不足，灭活效果未经严格验证；二是实验人员技术操作不规范，违反关于灭活 SARS 病毒必须在生物安全 P2 及以上级别实验室或在生物安全柜内进行的明确规定，而在没有安全防范措施的普通实验室操作，导致此次严重病毒泄漏安全事故。其间接原因是实验室存在多处管理疏漏，从实验人员擅自把毒株从 P3 实验室中拿出，到在腹泻病毒实验室进行跨专业的实验项目操作，再到对实验人员健康状况的监测不力，几乎每一个环节都处于无人把关的状态。

2.18.5 超净工作台里发生的烧伤事故

(1) 事故介绍：2023 年 9 月，某高校实验室超净工作台内酒精灯失火，导致实验人员双手多处烧伤。

(2) 事故原因分析：因担心消毒不彻底，实验人员用大量酒精擦拭细胞培养瓶及双手，在酒精尚未完全挥发的情况下直接将培养瓶靠近酒精灯进行灼烧，导致整个瓶身被引燃，火焰迅速蔓延至手套，最终造成实验人员双手多处烧伤。

2.18.6 通风橱里发生的中毒事故

(1) 事故介绍：2022 年 8 月，某研究所的一名学生在通风橱中进行加热蒸发实验时，由于操作不当，发生试剂中毒，出现鼻腔出血、恶心、严重呕吐等症状，经检查确诊该学生胃底和胃体黏膜发炎、胃窦区域发生严重溃疡，所幸经过长达 2 个月的治疗，该学生的消化道功能恢复正常。

(2) 事故原因分析：首先，该学生所使用的通风橱工作状态不稳定，时好时坏，且在进行加热蒸发实验的过程中未关闭通风橱的玻璃门，影响了通风橱通风效果。其次，为了防止试剂在加热过程中挥发，该学生采用了封口的带塞试剂瓶进行加热，导致瓶体内部压力积聚，从而试剂喷出。正确的操作应该是在试剂瓶顶部加装冷凝装置，利用低温使挥发的物质冷凝回流至容器。最后，该学生佩戴的口罩只能隔绝粉尘和气溶胶，但是不能阻止溶剂蒸气进入呼吸道。因此，应佩戴防毒面具，并装备吸附有机溶剂的专用过滤器，才能有效地防止吸入溶剂蒸气。

2.18.7 激光导致的眼损伤事故

(1) 事故介绍：文献报道，由激光造成的眼损伤事故很多，其中 YAG 激光器导致的眼损伤事故占多数，少数在检查氩离子激光器时发生。当能量高的激光射入眼睛时，眼底的血管被破坏，导致大量出血。同时，由于视网膜无再生能力，受损伤部分的功能则会永久性下降或丧失。

(2) 事故原因分析：激光辐射事故基本都是实验保护装置不够造成的，在使用激光或维修

激光器等操作中,要特别注意防护,充实保护装置对防止事故发生十分重要。

本章习题

正误判断题

1. 使用高压灭菌锅时,必须确认高压灭菌锅内水位达到标准水位时才能灭菌。(　　)

2. 当高压灭菌锅内的水位稍低于标准水位时也可进行灭菌。(　　)

3. 高压灭菌锅内如果缺水,可加入一些自来水。(　　)

4. 高压灭菌锅用水应为去离子水或其他纯净水。(　　)

5. 严禁采用高压蒸汽方法对受热易挥发或易爆等物品进行灭菌操作。(　　)

6. 如果实验需要无菌甲醇,可以使用高压灭菌锅灭菌甲醇。(　　)

7. 使用高压灭菌锅时,必须等压力降为零、温度降到安全温度以下,才能打开灭菌锅的盖子。(　　)

8. 由于着急使用灭菌的溶液,当高压灭菌锅的压力降为0.1 MPa时也可以打开灭菌锅的盖子取出灭菌物品。(　　)

9. 高压灭菌过程中严禁打开灭菌锅的盖子。(　　)

10. 对需要灭菌的瓶装液体,严禁密封灭菌,应当在瓶塞上进行泄压处理。(　　)

11. 灭菌瓶装液体时,注意密封好瓶口,防止液体溢出。(　　)

12. 高压灭菌锅的使用者须提前接受培训并取得高压容器操作证,方可进行灭菌操作。(　　)

13. 进行高压蒸汽灭菌时,每次灭菌的物品应尽可能把灭菌锅塞满以便灭菌可能多的物品。(　　)

14. 灭菌时,液体和固体物品应分开放在不同的灭菌筐内。(　　)

15. 灭菌时,液体和固体物品可以混放在同一个灭菌筐内进行灭菌。(　　)

16. 高压细胞破碎仪开机前应检查加压手柄,严禁带压开机。(　　)

17. 高压细胞破碎仪管路需使用大量的医用酒精进行消毒,因此需在通风良好的场所运行。(　　)

18. 高压细胞破碎仪的物料必须经过60～100目的滤网过滤,避免颗粒杂质进入破碎仪,堵塞进料阀和均质阀。(　　)

19. 高压细胞破碎仪在升压时,由于压力表数值更新速度约为1秒/次,需要缓慢加压,避免加压过快导致压力表读数滞后产生较大误差。(　　)

20. 高压细胞破碎仪可以无人值守运行。(　　)

21. 高压细胞破碎仪在降压时,手柄可退到足够松弛的位置。(　　)

22. 在清洗高压细胞破碎仪的管路时,可略微施加一定压力(表头读数200),以提升冲洗附着在管壁上残留物的效果。(　　)

23. 烘箱应使用专用的电源插座,使用前须确认供电电源的电压符合烘箱的要求。(　　)

24. 禁止使用烘箱烘烤易燃、易爆、易挥发及有腐蚀性的物品。(　　)

25. 使用烘箱时,如需要烘干的物品很多,可以将烘箱内塞满物品,直至无一点空隙。(　　)

26. 烘箱内物品放置不能过于拥挤,必须留出一定的空间。注意不要有任何物品插入或

堵住进风口和出风口。（ ）

27. 烘箱使用温度可以任意调节，不必在意其最高限定温度。（ ）

28. 烘箱使用温度不能超过其最高限定温度。（ ）

29. 需要冷冻保存在超低温冰箱的样品必须用耐低温的专用容器装好后，才可放入超低温冰箱。（ ）

30. 如需将购买的抗体分装冷冻保存在超低温冰箱中，可使用常用的样品管分装并保存在超低温冰箱中。（ ）

31. 一些强酸及腐蚀性的样品也可以冻存在超低温冰箱中。（ ）

32. 为了方便使用，浓盐酸也可分装冻存在超低温冰箱中。（ ）

33. 从超低温冰箱中取样品时要带安全防冻手套，防止冻伤。（ ）

34. 从超低温冰箱中取样品时，如果只需要取一个样品，可以不带安全防冻手套快速取出。（ ）

35. 从液氮罐中取冻存的样品时要带防护手套。（ ）

36. 打开液氮罐盖子后，应快速拉出提斗样品储存盒。（ ）

37. 从液氮罐中取样品时，打开液氮罐盖子后，应缓慢拉出提斗样品储存盒。（ ）

38. 应定期检查液氮罐的密封状态，当液氮残余量只够使用一个星期时需补充液氮。（ ）

39. 使用液氮罐时，要轻拿轻放，避免与其他物体相碰撞。（ ）

40. 使用离心机前，配平样品时只要目测觉得两管样品的重量相同即可。（ ）

41. 使用离心机前，需使用天平将样品配平。（ ）

42. 离心时必须确保配平的两管对称地放置于转子的孔腔中。（ ）

43. 使用离心机时，使用的最大转速不能超过离心机的最高限速。（ ）

44. 使用离心机时，在达到最大转速之前人员不要走开。（ ）

45. 使用离心机时，启动离心后，操作人员如果有急事可以在达到最大转速之前离开，中途再回来检查离心机是否正常运行。（ ）

46. 离心前如发现离心管上有很细小的裂纹也没关系，可以接着使用。（ ）

47. 离心时，离心管内样品量不能超过所用离心机说明书规定的最大加样量。（ ）

48. 离心时，如果样品量比较大，离心管内的样品量稍微超过所用离心机说明书规定的最大加样量也可以。（ ）

49. 生物安全柜可用于进行感染性实验材料如病毒的相关操作。（ ）

50. 一级生物安全柜可保护工作人员和环境安全及实验样品的安全。（ ）

51. 三级生物安全柜是目前最高生物安全防护等级的安全柜，适合高风险的相关实验操作。（ ）

52. 为了方便操作，生物安全柜的移门可以移至任意高度。（ ）

53. 使用生物安全柜操作时，不要将移门移过安全线的高度。（ ）

54. 生物安全柜内的物品不能挡住气道口，以免干扰气流正常流动。（ ）

55. 使用生物安全柜时，头可以偶尔探入其中观察样品。（ ）

56. 使用生物安全柜操作时，严禁使用酒精灯等明火。（ ）

57. 使用生物安全柜时，如果实验需要，可以使用酒精灯。（ ）

58. 使用生物安全柜后，生物安全柜内使用的物品可以立即取出接着使用。（ ）

59. 使用生物安全柜后,柜内使用的物品应先消毒后再取出。(　　)

60. 使用超净工作台时,紫外线照射后即可直接进行实验操作。(　　)

61. 使用超净工作台时,严禁在紫外灯开启时进行任何操作。(　　)

62. 使用带有移门的超净工作台操作时,可以将移门拉至顶端。(　　)

63. 使用通风橱时,须先开启排风后才能进行操作。(　　)

64. 实验结束后,不要立即关闭通风橱,应继续通风1～2 min,确保残留的有毒气体完全排出。(　　)

65. 在通风橱中操作强酸、强碱以及挥发性有害气体时,可以将玻璃视窗完全打开。(　　)

66. 为了观察激光的强弱,实验人员在操作过程中可以用肉眼直视激光器发出的激光。(　　)

67. 激光器工作中严禁断电,对于某些激光器要求配备不间断工作电源。(　　)

68. 使用激光器过程中,如果激光器突然发生故障,操作人员可临时拆开激光器腔室检查。(　　)

69. 使用激光功率计时,禁止过强的光直接进入光输入口。(　　)

70. 保持激光功率计仪器清洁,工作环境应无酸、碱等腐蚀性气体存在。(　　)

71. 使用激光功率计时,可以用任意参数测量激光功率。(　　)

72. 使用激光功率计时,注意保护好激光功率计的探头,避免硬物戳伤探头表面或灰尘及其他脏物触及探头。(　　)

73. 生物信号采集与分析系统在进行电刺激生物实验时,应避免电极正负端短接,引起信号短路损坏仪器设备。(　　)

74. 在连续采样条件下,生物信号采集与分析系统总的采样率在250 kHz之内,如果用户打开多个通道进行采样,所有通道的采样率总和为255 kHz也可以。(　　)

75. 操作生物信号采集与分析系统时,仪器开启时,一定是先开启硬件开关再开启应用软件;仪器关闭时,一定先退出应用软件,再关闭硬件开关。(　　)

76. 用凝胶成像仪观察凝胶时,可以在紫外灯关之前将凝胶快速放置于样品台上。(　　)

77. 用凝胶成像仪观察凝胶时,必须确认紫外灯关闭后才能将凝胶放置于样品台上。(　　)

78. 用凝胶成像仪时,可直接裸手拿取含有溴化乙锭的琼脂糖凝胶。(　　)

79. 使用凝胶成像仪时,拍摄完毕应立即关闭紫外灯电源,彻底清洁样品板,除去残留的电泳缓冲液。(　　)

80. 染有溴化乙锭的凝胶样品用凝胶成像仪观察后,可直接扔到垃圾桶中。(　　)

81. 使用磷屏扫描成像仪时,可以裸手拿取经放射性同位素标记的样品。(　　)

82. 磷屏使用完后,需用清屏仪进行清屏。(　　)

83. 磷屏可以重复使用,压片时,直接将样品放到磷屏上操作即可。(　　)

84. 使用完磷屏扫描成像仪后,实验废弃物可作为普通实验垃圾直接扔至垃圾桶中。(　　)

85. 使用完磷屏扫描成像仪后,^{3}H放射性废物在储存至10个半衰期后方可当作普通实验垃圾处理。(　　)

86. 使用磷屏扫描成像仪时，放射性同位素标记样品不能与易燃、易爆、剧毒、腐蚀性物品放在一起。(　　)

87. 使用磷屏扫描成像仪进行放射性同位素相关操作时，需佩戴个人剂量计。(　　)

88. 参加辐射安全培训并考核合格后才可以使用同位素室。(　　)

89. 在用光学显微镜观察样品时，如果使用载玻片＋盖玻片的样品载具，玻片的朝向都是盖玻片位于载玻片上方的状态。(　　)

90. 使用油镜镜头时，需谨慎控制滴加镜油的量，以油滴覆盖住物镜镜头前光口为宜，切忌过量。(　　)

91. 使用高倍油镜观察样品后，可直接切换到低倍其他物镜直接进行后续观察。(　　)

92. 显微镜配套的荧光激发光源，都可以随时通电开机和断电关机。(　　)

93. 使用激光共聚焦显微镜进行扫描成像时，可以切换到显微镜目镜来观察扫描的图像。(　　)

94. 使用双光子显微镜完成实验后，必须通过配套软件切断激光能量输出，使飞秒激光器处于待机状态。绝对禁止直接断电关机。(　　)

95. 正置显微镜的陶瓷防水镜头，可以探入培养皿样品溶液中进行抵近观察。(　　)

96. 使用透射电子显微镜拔插样品杆之前，需要关闭灯丝电流，避免电子辐射对身体造成影响。(　　)

97. 使用透射电子显微镜拔出样品杆时，动作要轻缓，以防真空泄漏。(　　)

98. 磁性样品用透射电子显微镜观察成像时，会污染物镜，影响成像的分辨率。(　　)

99. 透射电子显微镜加电压的过程中，可以随意操作样品杆。(　　)

100. 透射电子显微镜的样品需要保存在干燥器中。(　　)

101. 使用透射电子显微镜时，拍摄结束后，需要及时取出铜网，并将样品杆放回样品交换仓。(　　)

102. 使用玻璃刀时，必须刀锋向上，且刀锋不能碰触杂物。(　　)

103. 使用加热台时，可以直接用手触摸加热台。(　　)

104. 使用超薄切片机时，要戴好口罩，以防吸入样品碎屑。(　　)

105. 使用超薄切片机时，可以用手触碰玻璃刀刀锋。(　　)

106. 超薄切片的样品以及承载切片的铜网均需干燥保存。(　　)

107. 使用过的玻璃刀、刀片需要回收至利器盒。(　　)

本章习题答案

1. (√)	2. (×)	3. (×)	4. (√)	5. (√)	6. (×)	7. (√)
8. (×)	9. (√)	10. (√)	11. (×)	12. (√)	13. (×)	14. (√)
15. (×)	16. (√)	17. (√)	18. (√)	19. (√)	20. (×)	21. (×)
22. (√)	23. (√)	24. (√)	25. (×)	26. (√)	27. (×)	28. (√)
29. (√)	30. (×)	31. (×)	32. (×)	33. (√)	34. (×)	35. (√)
36. (×)	37. (√)	38. (√)	39. (√)	40. (×)	41. (√)	42. (√)
43. (√)	44. (√)	45. (×)	46. (×)	47. (√)	48. (×)	49. (√)
50. (×)	51. (√)	52. (×)	53. (√)	54. (√)	55. (×)	56. (√)
57. (×)	58. (×)	59. (√)	60. (×)	61. (√)	62. (×)	63. (√)

64. (√)　65. (×)　66. (×)　67. (√)　68. (×)　69. (√)　70. (√)
71. (×)　72. (√)　73. (√)　74. (×)　75. (√)　76. (×)　77. (√)
78. (×)　79. (√)　80. (×)　81. (×)　82. (√)　83. (×)　84. (×)
85. (×)　86. (√)　87. (√)　88. (√)　89. (×)　90. (√)　91. (×)
92. (×)　93. (×)　94. (√)　95. (√)　96. (√)　97. (√)　98. (√)
99. (×)　100. (√)　101. (√)　102. (√)　103. (×)　104. (√)　105. (×)
106. (√)　107. (√)

第3章 实验材料安全与操作规范

扫码看课件

生命科学实验室常用生物材料有实验动物材料、人与动物的血液样本材料、微生物材料、生物医用材料、生物大分子材料等。本章对这些材料的常规存储方法以及使用规范等进行阐述。

3.1 实验动物安全与操作规范

随着生命科学领域的快速发展，实验动物在科学研究中扮演着至关重要的角色。实验动物安全不仅关系到动物福利和伦理问题，也是确保实验室工作顺利进行和科研成果可靠性的关键因素。本节将以常见的哺乳类实验动物（如家兔、大鼠、小鼠）和其他实验动物（如斑马鱼、果蝇、线虫）为对象，详细介绍其购买、饲养、维护和使用过程中的管理规定和操作规范，旨在为科研人员提供全面的实验动物安全操作指南，确保实验动物的动物福利，同时保障实验室人员的安全和科研成果的准确性。

3.1.1 实验动物分级及其标准

1. 动物实验室生物安全防护 从事动物活体操作的实验室生物安全防护水平分级：根据所操作的实验动物危害程度和采取的防护措施，将动物实验室动物生物安全防护水平（animal biosafety level，ABSL）分为1级、2级、3级和4级，以ABSL-1、ABSL-2、ABSL-3、ABSL-4表示。1级防护水平最低，4级防护水平最高。

（1）ABSL-1实验室：基础实验室，适用于对人体、动植物或环境危害较低，不具有对健康成人、动植物致病的因子。

（2）ABSL-2实验室：基础实验室，适用于对人体、动植物或环境具有中等危害或具有潜在危险的致病因子，对健康成人、动物和环境不会造成严重危害，具有有效的预防和治疗措施。

（3）ABSL-3实验室：防护实验室，适用于处理对人体、动植物或环境具有高度危害性，通过直接接触或气溶胶使人感染严重甚至是致命的疾病，或对动植物和环境具有高度危害的致病因子，通常具有预防和治疗措施。

（4）ABSL-4实验室：最高级别防护实验室，适用于对人体、动植物或环境具有高度危害性，通过气溶胶途径传播或传播途径不明，或未知的、高度危险的致病因子，没有预防和治疗措施。

2. 对从事无脊椎动物操作实验室设施的要求 该类动物设施的生物安全防护水平应根据国家相关主管部门的规定和风险评估的结果确定。如从事某些节肢动物（特别是可飞行、快

爬或跳跃的昆虫)的实验活动,应安装防逃逸以及喷雾式杀虫装置;应有装置监测和记录节肢动物幼虫和成虫的数量;应具备适用的安全隔离装置以操作已感染或潜在感染的节肢动物;需要时,应设置监视器和通信设备。

3. 实验室生物安全防护管理　实验室或其具体组织应有明确的法律地位和从事相关活动的资格,实验室负责人应指定若干适当的人员承担实验室安全相关的管理职责;实验室管理层应对所有员工、来访者、合同方、社区和环境的安全负责;应为员工提供持续培训及继续教育的机会,保证员工可以胜任所分配的工作,应为员工提供必要的免疫计划、定期的健康检查和医疗保障;应定期评价员工具有可以胜任其工作任务的能力。

4. 按照微生物学控制标准或根据微生物的净化程度,可将实验动物分为四级

(1) 一级:普通(CV)动物,系指微生物不受特殊控制的一般动物,要求排除人兽共患病的病原体和极少数实验动物烈性传染病的病原体。为防止传染病,在实验动物饲养和繁殖时,要采取一定的措施,应保证其用于测试的结果具有反应的重现性(即不同的操作人员,在不同的时间,用同一品系的动物按实验规程所做的实验,能获得几乎相同的结果)。只能用于教学实验和科研工作的预实验。

(2) 二级:清洁(CL)动物,它的原种群来源于SPF动物或无菌动物,要求排除人兽共患病及实验动物主要传染病的病原体。可用于大多数科研实验,是目前主要要求的标准级别的实验动物。

(3) 三级:无特定病原体(SPF)动物,在达到二级实验动物要求的基础上,还要排除一些规定的病原体,可使用高效空气过滤器除菌法、紫外线灭菌法、三甘醇蒸汽喷雾法及氯化锂水溶液喷雾法进行除菌与灭菌。SPF动物是国际公认的实验动物,适用于所有的科学实验,是国际标准级的实验动物,主要用于进行国际交流的重大课题。

(4) 四级:无菌(GF)动物或悉生(GN)动物,无菌动物要求不带有任何用现有方法可检出的微生物。悉生动物要求在无菌动物体上植入一种或数种已知的微生物。它们属于非常规动物,仅用于特殊课题。

在病理学检查上,四类实验动物也有不同的病理检查标准。一级实验动物外观健康,主要器官不应有病灶。二级实验动物除一级实验动物指标外,显微镜检查无二级实验动物微生物病原的病变。三级实验动物无二、三级实验动物微生物病原的病变。四级实验动物不含二、三级实验动物微生物病原的病变,脾、淋巴结是无菌动物组织学结构。

综合上述,对不同级别的实验动物在动物房设计和管理上有不同的要求。无菌、已知细菌以及无特定病原体动物都需要在无菌或尽可能无菌的环境里饲养。目前国际上通用屏障环境,即用一道屏障把动物与周围污染的环境隔开,就如胎鼠在母鼠子宫内一样。这种屏障环境从控制微生物的角度分为隔离系统、屏障系统、半屏障系统、开放系统和层流架系统五大类。

(1) 隔离系统:在带有操作手套的容器中饲养动物的系统,用于饲养无菌动物和悉生动物。内部保持按微生物要求的100级洁净度,但其设置的房间及操作人员不必按无菌要求。

(2) 屏障系统:把10000~100000级的无菌洁净室作为饲养室,主要用于无特定病原体动物的长期饲养和繁殖。入室施行严格管理,如淋浴、换贴身衣物等。

(3) 半屏障系统:放宽对屏障系统中人及物出入房间时的管理,平面组成大致与屏障系统相同。

(4) 层流架系统:笼具放在洁净的水平层流空气中。常用于小规模饲养,但在一般房间进行饲养、操作和处理时有被污染的危险性。可用于半屏障系统的补充。

（5）开放系统：对人、物、空气等进出房间均不施行消除污染的处理，但通常要进行某种程度的清洁管理。

3.1.2 实验动物安全管理规范

1. 实验动物从业人员要求 国家颁布实施的《实验动物管理条例》和《实验动物许可证管理办法（试行）》均明确要求从事实验动物相关工作的人员必须经过专业培训。在实验动物安全管理中，专业培训对保障从事动物实验的科研人员身体健康和安全至关重要，尤其是对刚开始从事动物实验的人员，要定期开展培训并考核。

2. 实验动物的饲育 实验动物的饲育室与实验室应设在不同区域，并严格隔离。实验动物必须按照不同的来源，不同的品种、品系和不同的实验目的，按照国家标准及相关要求分开饲养。

3. 实验动物的使用 在符合科学原则和满足教学需求的前提下，按照替代、减少和优化的原则进行动物实验设计，尽量减少实验动物用量，减轻实验动物的痛苦。解剖操作时应配备相应的实验服、手套、口罩等。在所有操作过程中，要防止被实验动物咬伤、抓伤。若不慎受伤，应立即用清水冲洗，然后用碘伏等消毒液消毒，及时去医院接受治疗，并遵医嘱注射狂犬病疫苗。

4. 实验动物废弃物处理 实验动物废弃物处理应严格按照国家法律法规以及具体管理办法执行，交由拥有专业资质的第三方处置（如生物医疗废弃物处理公司）。在回收前，应在规定的冰柜内暂存，不得随意丢弃，严禁食用或出售。在回收时，各单位或个人需现场填写《实验动物废弃物处理记录》，形成可追溯制度。

3.1.3 动物伦理和动物福利

1. 动物伦理原则 善待实验动物，尊重动物生命；禁止针对实验动物的野蛮行为，采取痛苦最小的方法处置实验动物，避免或减少实验动物的应激、痛苦和伤害。动物实验的方法和目的应符合人类的道德伦理标准和国际惯例。

2. 动物福利原则 采取有效措施，保障实验动物的五项基本福利，为实验动物提供充足的食物、饮水以及清洁、舒适的生活环境，为实验动物提供及时的防疫诊疗，使其免受病痛。为其提供充分的娱乐交流，保障天性。对其实施良好的处置（宰杀），以免其受惊恐。需要保证实验动物能实现自然行为和受到良好的管理与照料。按照科学合理的操作规程进行实验动物管理。

3. 3H 宗旨及 3R 原则 需要遵循实验动物福利的 3H 宗旨：健康（healthy）、快乐（happy）、有益（helpful）。遵守动物实验的 3R 原则：替代（replace），利用体外生命系统（组织、细胞等）代替动物实验；减少（reduce），利用统计方法减少实验动物用量；优化（refine），通过优化，减轻实验动物的疼痛。

4. 实验动物设施环境及设备 实验动物的饲养和动物实验必须在安全卫生、满足动物生长发育、确保实验动物质量和动物实验科学性、准确性的环境中进行。各项环境参数必须符合国家标准规定。实验动物对光照、噪声和震动等的感受可能不同于人类，对这些因素的控制还应考虑动物健康与动物福利的要求。

5. 实验动物饲养与管理 实验动物饲养人员每天应认真观察所管理的实验动物，发现行为、精神状态或健康状况异常时，应查找原因并妥善处理。

6. 实验动物包装与运输 实验动物的运输应符合安全、舒适、卫生的原则。

7. 实验动物使用 应采取有效措施,尽可能避免或减轻给实验动物造成与实验目的无关的疼痛、痛苦及伤害。在对实验动物进行采样、活体外科手术、解剖和器官移植时,如无特殊要求,必须实施麻醉措施。实验结束时,应采用适宜的国际公认的安死术处理实验动物。如果实验动物还将用于其他实验,应选择符合动物特征和不影响后续实验结果的安死术。

3.1.4 实验动物的引进与购买

(1) 开展实验动物相关工作,首先要通过实验动物伦理委员会审批、获得资质,资质证书包括实验动物使用许可证、实验动物从业人员上岗证等。实验室须严格在许可证的许可范围内从事动物实验工作。

(2) 实验动物须来自持有省科学技术行政部门颁发的有效期内的实验动物生产许可证的单位,并附有动物质量合格证明书和符合标准规定的近期实验动物质量检测报告。购买者可访问实验动物许可证查询管理系统(http://www.lascn.net/permit/searchpermit.aspx?PermitNo=&Organization=&Type=&Region=)查询实验动物许可证,获取目前具备有效实验动物生产许可证的生产或使用单位的相关信息。实验动物应来源于国家实验动物种子中心或者国家认可的种源单位,并且遗传背景明确。

(3) 从国内其他单位引进的实验动物,必须附有饲养单位签发的质量合格证书和当地相关政府部门出具的运输检疫报告,经隔离检疫合格后方可接收。从国外进口的实验动物,必须按照《进境动植物检疫审批管理办法》的相关规定执行,且不得从疫区引进动物。

(4) 引进野生动物应遵守《中华人民共和国野生动物保护法》,由引进单位在原地检疫,确认无人兽共患病并取得当地卫生防疫部门的证明后方可实施。

(5) 实验动物的运输工作须严格遵守国家相关法律法规,不得将不同品种、品系或者不同等级的动物混合装运。

3.1.5 实验动物的饲养、维护和操作规范

1. 实验兔

(1) 饲养和维护。

①所采用的饲料应符合实验兔的生物学特性,尤其应注意要保证粗纤维的含量,且不添加抗生素、防腐剂和激素等。

②采用定时定量、少喂勤添的饲喂方式,特别是幼兔要严格掌握饲喂量。

③保证充足的清洁饮水,饲喂含水量较高的新鲜蔬菜,并控制饲喂量。

④保持饲养环境安静、干净、卫生。

(2) 操作规范。

①抓取操作:为防止实验兔受惊,在抓取过程中应动作轻柔。轻轻打开笼门,将手伸入笼内,把兔耳放入右掌心内,右手抓住兔颈的皮毛将其轻轻提起,左手托住其臀部,让实验兔的大部分重量集中在左手上(图3.1.1)。

②灌胃操作:首先用专用固定器或固定箱固定实验兔,一只手轻轻固定实验兔的头部,另一只手打开开口器开口,压住实验兔的舌头,从开口器小孔插入胃管,沿咽后壁缓慢插进食管,然后进行药物或食物灌胃(图3.1.2)。

③耳缘静脉注射操作:实验兔耳中央血管为动脉,耳缘血管为静脉。首先用专用固定器或固定箱固定实验兔头部,按住耳根,弹动或轻揉兔耳,使耳缘静脉充盈;然后绷紧耳缘局部皮

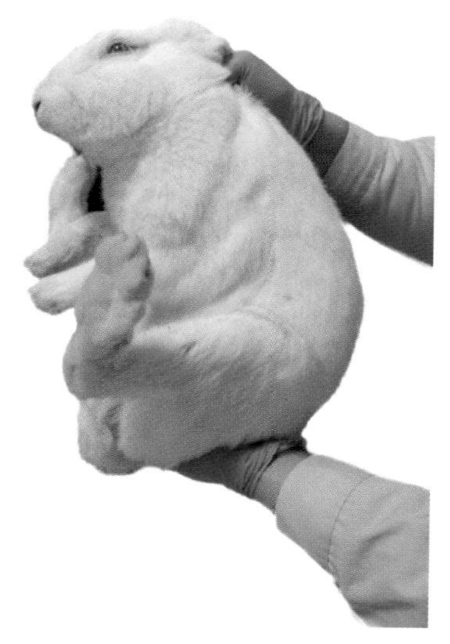

图 3.1.1　实验兔抓取操作

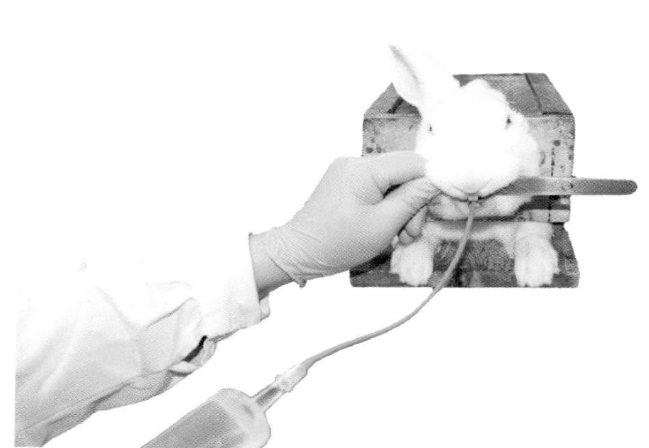

图 3.1.2　实验兔灌胃操作

肤，消毒，用较小的针头从静脉远端进针，回抽确认进针部位正确后，固定针头，缓慢推入药液。注射结束拔针后，应压迫针眼数分钟至完全止血（图3.1.3）。

④实验兔的取血方法：首先将实验兔小心地放入专用固定器或固定箱中（仅露出头部及两耳），选取耳缘静脉清晰的耳朵，将毛拔去后用 75%酒精局部消毒。然后用手指轻轻摩擦兔耳，使静脉扩张，再用注射器在耳缘静脉末端刺破血管，待血液渗出后取血或将针头逆血流方向刺入耳缘静脉取血。取血完毕用棉球压迫止血，此种采血法一次最多可采血 10 mL。

（3）实验兔使用过程的注意事项。

①在抓取实验兔时，切勿只抓耳朵。因为兔耳是软骨，耳根受伤会使两耳垂落、血管扩张甚至腰椎损伤瘫痪或窒息死亡，不仅影响实验操作，更会对实验动物造成伤害。

图 3.1.3　实验兔耳缘静脉注射操作

②抓取实验兔时手法不当，动作过激导致实验兔受到惊吓，产生强烈挣扎而长时间处于激动状态，大脑皮层运动区过度兴奋，导致麻醉效果不佳。

③在所有操作过程中均要防止被实验兔咬伤、抓伤。若不慎受伤，应立即用清水冲洗，然后用碘伏等消毒液消毒，并及时去医院接受治疗，遵医嘱注射狂犬病疫苗。

2. 实验小鼠

（1）饲养和维护。

①饲养：实验小鼠的胃容量小，随时采食，是多餐习性的动物。一只成年实验小鼠摄食量为每天 4～6 g，摄水量一般为每天 4～7 mL；应给予实验小鼠充足的空间，群居饲养；配有适宜

垫料的实心底板、磨牙的材料和遮掩体;适宜的光线和照明系统。

②必须经常关注实验小鼠的生活习性、行为等是否异常,如果在饲养过程中出现实验小鼠死亡,应立即取出尸体并查明原因,及时更换鼠笼、笼盖、饲料及饮水瓶。

(2) 操作规范。

①抓取操作:右手提起实验小鼠尾部,放在鼠笼盖或其他粗糙面上,向后上方轻拉。此时实验小鼠前肢紧紧抓住粗糙面,迅速用左手拇指和食指捏住实验小鼠颈背部皮肤,并用小指和手掌尺侧夹持其尾根部固定于手中(图 3.1.4)。

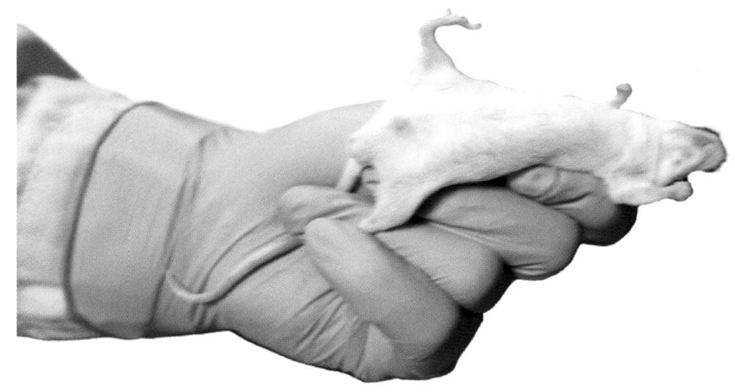

图 3.1.4 实验小鼠抓取操作

②腹腔注射:左手固定实验小鼠,使实验小鼠呈头低位,腹部向上,右手持注射器,在左侧或右侧下腹部将针头刺入皮下,沿皮下向前推进 3~5 mm,使针头与皮肤成 45°方向穿入腹腔。针尖进入腹腔可有抵抗消失感,此时可轻推药物(图 3.1.5)。

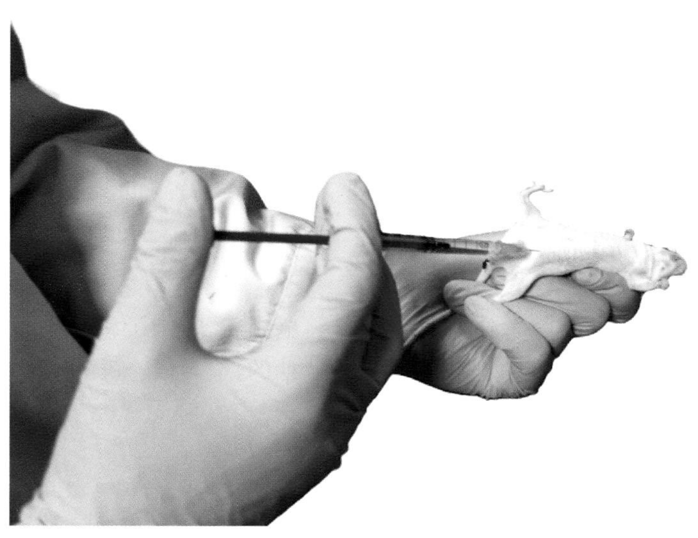

图 3.1.5 实验小鼠腹腔注射

③灌胃操作:将灌胃管末端从实验小鼠的嘴角进入,在灌胃管末端触到实验小鼠硬腭后将灌胃管摆正到实验小鼠躯干中线,缓慢沿着实验小鼠食管插入胃内。在灌胃管插入过程中应感觉到无阻力;同时观察实验小鼠反应,如果中途实验小鼠出现剧烈挣扎,则表明灌胃管很可能进入气管,此时需将灌胃管拔出后重新插入。此外,灌胃管插入过程中操作者应始终能看到

注射器的刻度，以便按需推注药物（图 3.1.6）。

（3）实验小鼠使用过程的注意事项。

①抓取实验小鼠时要做好防护，采取正确的方法抓取和固定实验小鼠，防止被实验小鼠抓伤、咬伤。

②实验小鼠的固定要牢固，一方面可以避免操作者被咬伤，另一方面便于给药、灌胃等操作。

③实验小鼠腹腔注射时注意实验小鼠的体位，如果采用头高尾低位，实验小鼠下腹腔的压力相对较高，且肠道在重力的作用下相对紧贴下腹壁，注射针易插入肠道，从而导致药物注射失败。

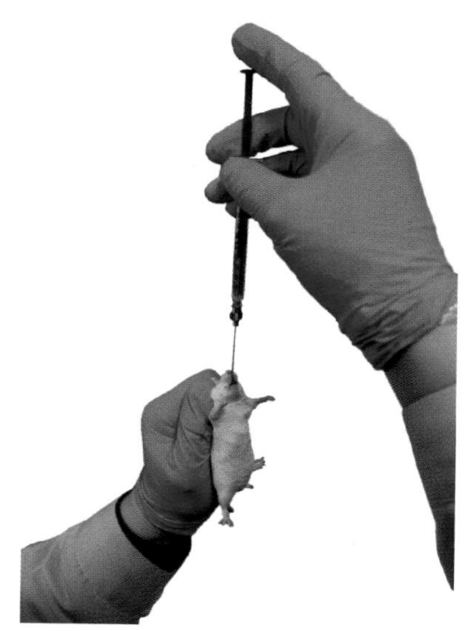

图 3.1.6 实验小鼠灌胃操作

3. 实验大鼠

（1）饲养和维护。

①饲喂方法与实验小鼠相同，一只成年实验大鼠的摄食量为每天 10～25 g，摄水量为每天 30～35 mL。

②繁殖基本与实验小鼠相同，要随时淘汰有食仔癖的母鼠（哺乳母鼠对噪声特别敏感，强烈噪声容易引起吃仔现象的发生）。

（2）操作规范。

①抓取操作：实验大鼠的抓取基本同实验小鼠，但是实验大鼠比实验小鼠牙尖性猛，不易用袭击方式抓取，否则易被咬伤手指。抓取时为避免咬伤，可带上帆布手套。右手轻轻抓住实验大鼠尾巴的中部并提起，迅速放在笼盖上或其他粗糙面上，左手顺势按、卡在实验大鼠躯干背部，稍加压力向头颈部滑行，以左手拇指和食指捏住实验大鼠两耳后部的头颈皮肤，其余三指和手掌握住实验大鼠背部皮肤，完成抓取固定。

②腹腔注射：实验大鼠的腹腔注射操作方法和实验小鼠基本相同，主要区别点：由于体形和力量的大小不同，实验小鼠的操作难度小于实验大鼠；由于实验大鼠和实验小鼠性情的差异，实验小鼠的腹腔注射操作可戴一次性手套进行，而实验大鼠的腹腔注射操作常需要戴帆布手套进行。

③灌胃操作：实验大鼠和实验小鼠灌胃操作方法基本相同，主要区别点：由于体形大小的差异，实验大鼠使用的灌胃管一般比实验小鼠使用的灌胃管更粗、更长；同时，实验大鼠胃容量大于实验小鼠，因此灌胃的药物体积不同。实验大鼠灌胃给药的体积通常是以 mL/100 g 为单位设计的，而实验小鼠则是以 mL/10 g 为单位设计的。

（3）实验大鼠使用过程的注意事项：与实验小鼠的安全使用规范基本相同，实验大鼠使用过程中需要特别注意如下几点。

①实验大鼠体形相对较大，易激怒，且其肌肉力量相对较大，在抓取和固定时操作者所需用的力量和操作难度大于实验小鼠。

②实验小鼠一般不会咬人，而实验大鼠易被激怒、更凶猛（攻击性强、对操作者伤害性大）。因此，抓取和固定实验大鼠时需戴帆布手套。

③抓取实验大鼠尾部时不可以抓取尾尖，且不能让实验大鼠长时间悬空，否则容易引起实验大鼠惊慌而挣扎，造成尾部皮肤脱落。

4. 斑马鱼

(1) 饲养和维护。

①溶解氧是鱼类养殖的重要条件参数,建议斑马鱼养殖水体的溶解氧水平基本维持或不低于6.0 mg/L。

②斑马鱼对水质的要求很高,以弱碱性(pH 7~8)为宜,需及时吸出鱼缸里的残饵和鱼排泄物,并定期清洗和更换鱼缸。

③最适产卵水温为28.5 ℃,产卵的光调节周期为光照14 h,黑暗10 h。为防止自然产卵,性成熟的雌、雄斑马鱼必须分开养殖。

④斑马鱼每天必须定时喂食,喂食时应观察鱼是否有异常。如果发现烂尾、烂鳃、烂鳍、脱鳞或皮肤充血、发炎等症状的鱼,应及时挑出。

(2) 操作规范。

①斑马鱼繁殖:斑马鱼是卵生鱼类,四月龄时即进入性成熟期。一般用六月龄的鱼进行繁殖操作。通常在早晨将雌、雄斑马鱼按1∶2的比例放入专用的产卵箱,受精后1~2 h开始产卵,3~4 h后产卵结束。亲鱼应尽快取出,放回养殖系统中。

②斑马鱼麻醉:在进行斑马鱼的显微注射或显微解剖(图3.1.7)等操作时,可以按其他鱼类常用的麻醉方法麻醉,例如使用间氨基苯甲酸乙酯甲磺酸盐(MS-222)麻醉。

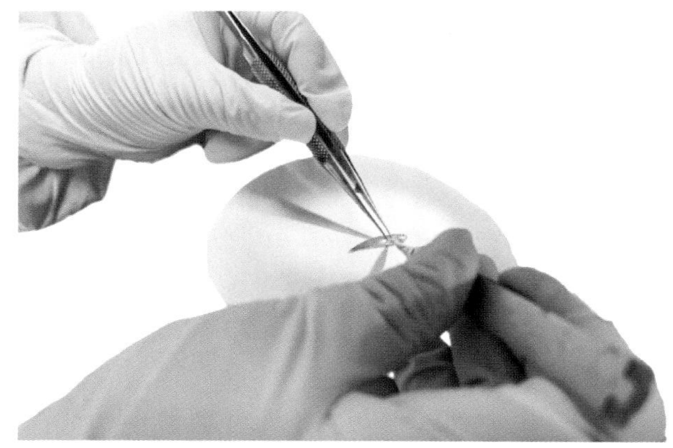

图3.1.7 斑马鱼解剖操作

③斑马鱼安乐死:生病或者老化的斑马鱼不能直接扔进废物箱或者下水道内,可以采用快速冷冻致死法,将需要处死的斑马鱼置于2~4 ℃的恒温箱内直至其失去意识、鳃盖停止活动。

(3) 斑马鱼使用过程的注意事项。

①新购置的斑马鱼在放入养殖系统的循环水中前,需要用运输水养1~2天,然后用循环水逐渐按比例替换运输水,直至放入养殖系统的循环水中。

②斑马鱼刚转移至循环水中时,水流应小一些,鱼缸挡板一般选择网状,防止小斑马鱼跑掉。

③斑马鱼养殖水体的溶解氧水平不是越高越好。水体内氧气含量过高,会产生大量气泡,使斑马鱼易得气泡病而死亡。

5. 线虫

(1) 饲养和维护。

①以秀丽隐杆线虫为例,在培养时通常选用自身不能合成尿嘧啶或生长缓慢的尿嘧啶缺陷型大肠杆菌 OP50 作为食物,在线虫生长培养基(nematode growth media,NGM)上培养。

②线虫也可保存在含 30%甘油 S 缓冲液中,放置在−80 ℃冰箱中长期保存。

(2) 操作规范。

①大肠杆菌 OP50 培养板的制备:挑取单菌落转移至 LB 液体培养基中,37 ℃振荡培养 12~16 h,制成菌悬液。根据所使用培养皿大小,吸取适量菌悬液涂布到 NGM 培养基上(注意不要使菌液扩散到培养皿的壁上),继续培养 24 h。

②线虫的培养:将线虫接种到 NGM 培养基上,置于 20 ℃恒温培养箱中培养。线虫的繁殖周期和生命周期较短,从卵发育到成虫只有 3.5 天,寿命只有 2~3 周,性成熟的线虫能够产下 300~350 个幼虫,需要及时将线虫转移到新的培养板上(图 3.1.8)。

③线虫的转板:转板时不要将培养基弄破,也不要将线虫弄伤或弄死(判别的方法是转移到 NGM 培养基上的线虫仍然能爬动)。

图 3.1.8 线虫转板操作

(3) 线虫使用过程的注意事项。

①当线虫生长拥挤或食物不足时,线虫会进入幼虫期以对抗逆环境,此时需要及时将其转移到新的培养板内,转板时要严格无菌操作。

②进行挑虫操作转移线虫时,尽量不要戳破培养基,防止线虫钻进培养基内部。

③温度对于线虫的生长和繁殖有很大的影响,在线虫培养过程中需要尽量保持培养室或者培养箱的温度恒定。

6. 果蝇

(1) 饲养和维护:果蝇以酵母菌为食,常采用发酵的培养基(玉米培养基或麦麸培养基)繁殖酵母菌来饲养。

(2) 操作规范。

①培养基的配制:将按照果蝇培养基配方配制好的培养基分装至瓶中,每个瓶子用滤纸片或棉花团封口,然后进行高压蒸汽灭菌(121 ℃,20 min),或室温存放,待用。

②果蝇的继代培养:将果蝇转移到新配制的培养基中繁殖,一般采用麻醉法(乙醚麻醉法

或二氧化碳麻醉法)。由于果蝇对乙醚很敏感,因此在实验研究中最常用到的是二氧化碳麻醉法(图3.1.9),该方法比较安全,对果蝇伤害较小,很少能将果蝇伤害致死,且操作易于掌握。操作时左手拿旧果蝇瓶,使之倒置倾斜,右手将二氧化碳气路喷嘴插入瓶中,当瓶中麻醉后的果蝇都掉落至瓶塞上,小心抽出喷嘴,然后打开瓶塞将麻醉后的果蝇转移到新的培养瓶中。

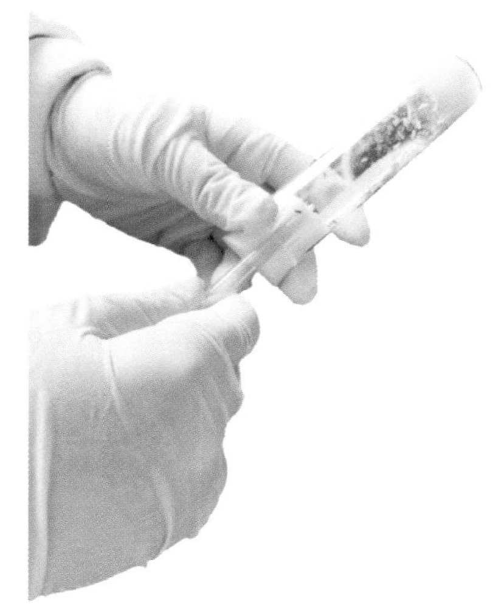
图3.1.9 果蝇转瓶操作

(3) 果蝇使用过程的注意事项。

①麻醉的深度根据实验的要求而定,接种用果蝇以轻度麻醉为宜,观察用果蝇可深度麻醉甚至致死。

②乙醚麻醉时,果蝇麻醉状态通常可维持5～10 min,如果在观察中果蝇苏醒,可进行补救麻醉,即用一平皿,内贴一带乙醚的滤纸条罩住果蝇,形成一临时麻醉小室。若蝇翅和蝇体成45°角翘起,表明果蝇麻醉过度致死。

3.1.6 实验动物安全规范操作科研应用实例

1. 使用新西兰家兔模型探究可注射木质素基纳米凝胶栓塞剂作为血管栓塞持续释药支架对肝癌的介入治疗效果

(1) 新西兰家兔由华中科技大学同济医学院实验动物研究中心提供。所有动物实验均经华中科技大学动物实验伦理委员会批准,并按照湖北省科学技术厅批准的指导方针进行。

(2) 采用新西兰家兔(2～3 kg,无论性别)作为VX2肝肿瘤模型。禁食12 h后,VX2肿瘤组织(1.0 mm^3)被植入家兔的左肝叶。为防止感染的可能性,对所有VX2荷瘤兔注射庆大霉素和氨苄西林。

(3) 为研究经导管动脉化疗栓塞(transcatheter arterial chemoembolization,TACE)的体内疗效,将40只VX2荷瘤兔随机分为4组(每组10只),分别为生理盐水(normal saline,NS)组、游离阿霉素溶液(Doxorubicin,DOX)组、阿霉素和碘油混合物(DOX-Lipiodol)组和木质素基纳米凝胶栓塞剂(*p*N-Kraft lignin loaded with DOX,DOX-*p*N-KL)组。

(4) 实验结果如图3.1.10所示。

VX2荷瘤兔的肝癌治疗模型表明,该木质素基纳米凝胶栓塞剂能够长期且完全地阻断各级血管,并持续释放DOX,从而对肿瘤生长和转移表现出显著的抑制作用。

2. 小鼠胚胎肺形态学结构研究

(1) 基因敲除小鼠由广东赛业公司通过CRISPR-Cas9技术获得。野生型和基因敲除小鼠均从广东赛业公司购买获得。实验小鼠饲养在华中科技大学实验动物中心SPF动物房。小鼠的饲养和小鼠实验操作均遵循《实验动物管理办法》相关管理条例。小鼠使用常规饲料(含1.05%钙、0.71%磷)饲养。

(2) 取怀孕18.5天小鼠,快速脱颈处死小鼠(尽量减少小鼠痛苦),取出小鼠胚胎。

(3) 取小鼠胚胎肺组织,立即固定于4%多聚甲醛溶液中。

(4) 石蜡包埋肺组织并切片,然后苏木精-伊红(H&E)染色切片。

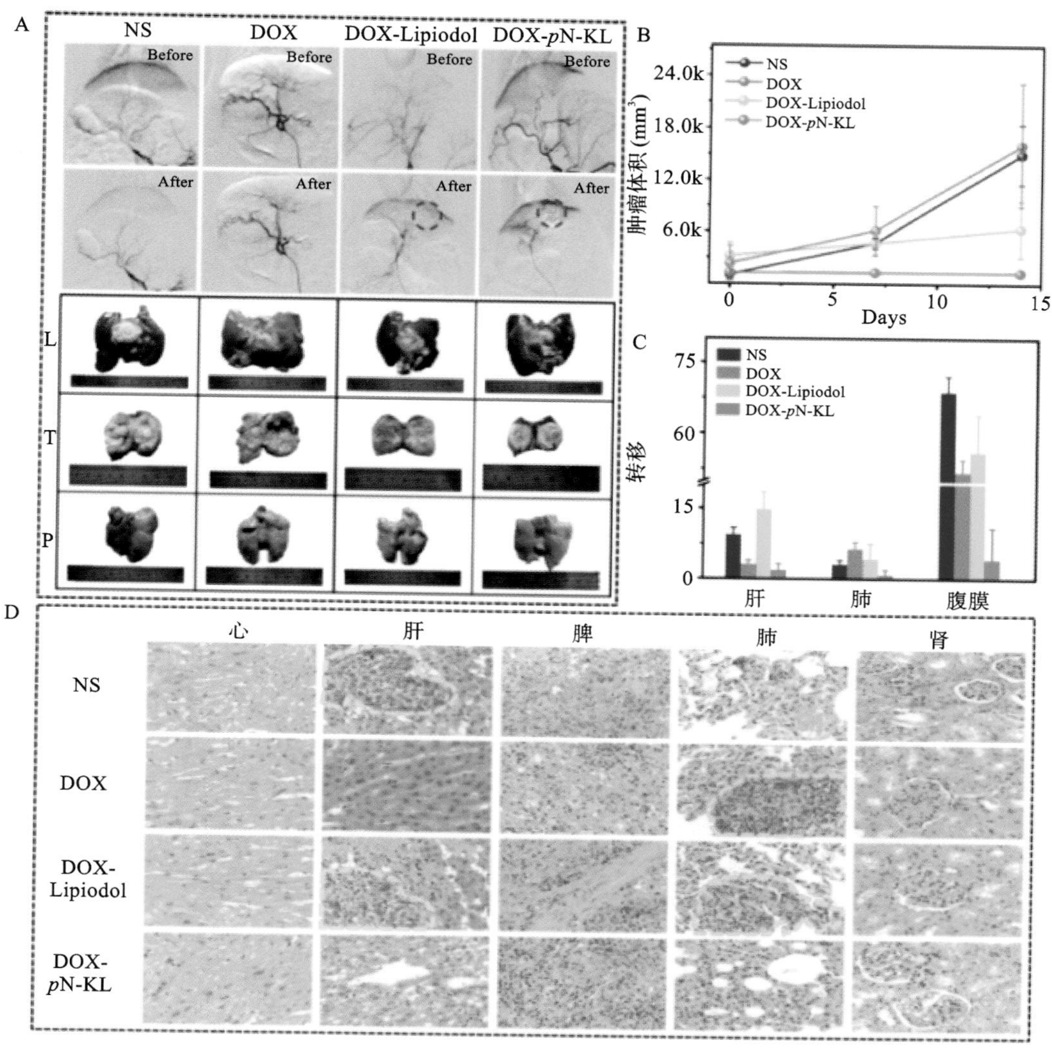

图 3.1.10　DOX-*p*N-KL 纳米凝胶栓塞剂对 VX2 荷瘤兔的抗肿瘤作用

（源自：Zheng Z，Zhang H S，Qian K，et al. Wood structure-inspired injectable lignin-based nanogels as blood-vessel-embolic sustained drug-releasing stent for interventional therapies on liver cancer[J]. Biomaterials，2023，302：122324.）

（5）实验结果如图 3.1.11 所示。图为 E18.5 野生型、KO(Knockout)纯合胚胎 H&E 染色图。上图标尺为 50 μm，下图为上图放大图，标尺为 20 μm。

3. 人肿瘤细胞斑马鱼移植模型建立和应用

（1）斑马鱼购自中国科学院水生生物研究所国家斑马鱼资源中心。

（2）收集野生型 AB 株斑马鱼鱼卵于平皿中，置于 28.5 ℃恒温箱中培养 48 h。

（3）收集培养至对数生长期的三阴性乳腺癌细胞，无菌状态下制备成合适浓度的细胞悬液，加入 5 μL/mL Dio 细胞绿色荧光染料，置于 37 ℃中染色 20 min；用完全培养基重悬细胞至 50 个/nL。

（4）将斑马鱼幼鱼麻醉 2 min，打开显微注射仪，将气压调节为 10～20 psi；将细胞注射到斑马鱼的卵黄囊中，每条鱼注射 10 nL。

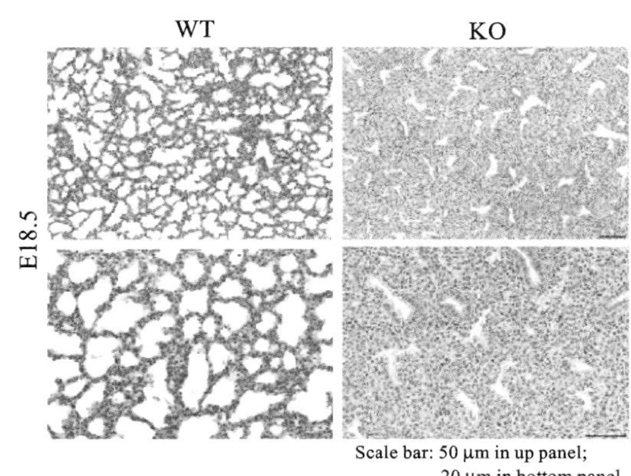

图 3.1.11 E18.5 小鼠胚胎形态学结构观察

(源自:Yang G Y,Lu S,Jiang J,et al. Kub3 deficiency causes aberrant late embryonic lung development in mice by the FGF signaling pathway[J]. Int J Mol Sci,2022,23(11):6014.)

(5) 将斑马鱼培养在含有苯基硫脲(Phenylthiourea,PTU)环境中,28.5 ℃培养 48 h。

(6) 麻醉斑马鱼,在荧光显微镜下观察绿色荧光的分布。

(7) 实验结果如图 3.1.12、图 3.1.13 所示。

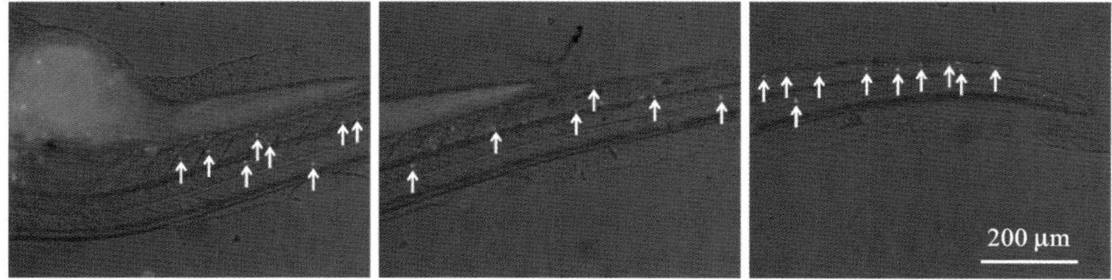

图 3.1.12 三阴性乳腺癌细胞在斑马鱼体内的转移检测

(源自:Guo L J,Zhang W J,Zhang X,et al. A novel transcription factor SIPA1:identification and verification in triple-negative breast cancer[J]. Oncogene,2023,42(35):2641-2654.)

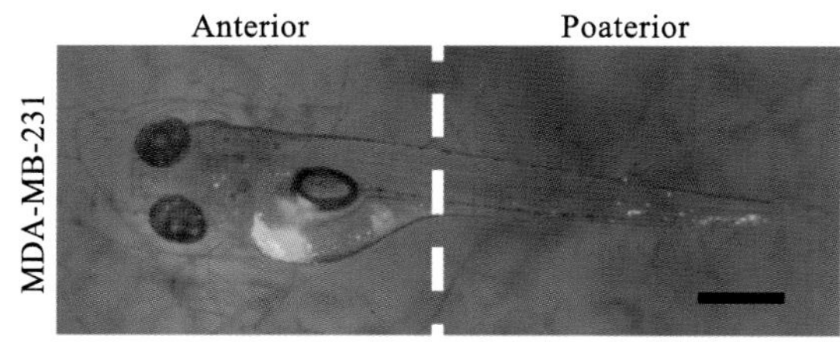

图 3.1.13 三阴性乳腺癌细胞斑马鱼模式动物中迁移的荧光成像

(源自:Cen J Y,Feng L Y,Ke H C,et al. Exosomal thrombospondin-1 disrupts the integrity of endothelial intercellular junctions to facilitate breast cancer cell metastasis[J]. Cancers(Basel),2019,11(12):1946.)

细胞用 Dio 细胞绿色荧光染料标记之后注射进入斑马鱼胚胎卵黄囊,48 h 后在荧光显微镜下观察细胞在斑马鱼体内的转移。图中白色箭头指向转移的细胞。标尺为 200 μm。

将 Di-Red 标记三阴性乳腺癌细胞注射到斑马鱼卵黄囊中,48 h 后获取对三阴性乳腺癌细胞转移到斑马鱼尾部的图像。标尺为 500 μm。

4. 感觉信号调控秀丽隐杆线虫进食行为的一个中枢交互抑制神经回路的解析

(1) 秀丽隐杆线虫购自 CGC(https://cbs.umn.edu)和日本国家生物资源项目(https://

shigen. nig. ac. jp/c. elegans)。

(2) 秀丽隐杆线虫在 NGM 培养基上培养,以大肠杆菌 OP50 为食物,培养温度为 20 ℃。

(3) 为了测试各种挥发性化学物质对进食行为的影响,将成虫转移到接种 OP50 的新 NGM 培养基中。10 min 后,加入 2 μL 药品,密封培养基 5 min 后记录线虫咽泵的运动速率。

(4) 以 20 次咽泵的运动速率为标准,每只线虫记录 4~6 次测量值,每次实验测试 8~12 只线虫,所有实验至少重复 3 次。

(5) 实验结果如图 3.1.14 所示。

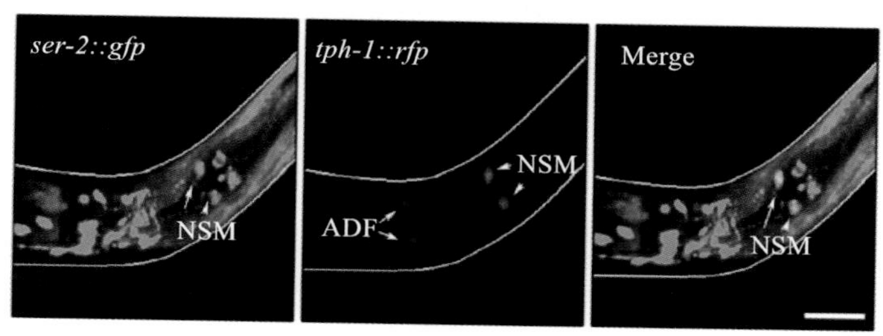

图 3.1.14 SER-2 和 TPH-1 在秀丽隐杆线虫 NSM 神经元中共表达(标尺为 20 μm)

(源自:Li Z Y, Li Y D, Yi Y L, et al. Dissecting a central flip-flop circuit that integrates contradictory sensory cues in C. elegans feeding regulation[J]. Nat commun, 2012, 3(4): 776.)

在秀丽隐杆线虫神经元中表达 G-CaMP2.0,将神经元中钙离子的浓度通过荧光强度表现出来,通过荧光显微镜捕捉,从而监测神经元活动。

5. 整合果蝇多组学数据以揭示昼夜节律

(1) 果蝇购自清华大学果蝇中心。

(2) 在果蝇羽化 7 天后收集果蝇并转入光照 12 h、黑暗 12 h 的培养箱中培养 3 天。

(3) 将果蝇转入连续黑暗(DD)的环境中,每隔 3 h 收集冷冻一次。冷冻的果蝇被旋转 10 s,以将头部和身体分开,果蝇头部被收集并保存在 −80 ℃环境中。

(4) 利用串联质谱标记(TMT)和液相色谱-串联质谱(LC-MS/MS)对在连续黑暗(DD)条件下收集的果蝇头进行转录组学、蛋白质组学和磷酸化组学的多组学研究,同时采用团队开发出的多组学数据整合节律算法 iCMod(integrating circadian multi-omics data)进行分析,揭示出果蝇头部 17%的磷酸化位点(789 个)呈现出昼夜节律。

(5) 实验结果如图 3.1.15 所示。利用 iCMod 预测了 27 个参与磷酸化位点的蛋白激酶,发现其中包括了已知的 7 个调控果蝇生物钟的重要激酶及 3 个新的调控果蝇活动节律的激酶。根据已知的和预测的激酶底物关系,构建了一个可以解释这 10 个激酶构成的激酶组如何调控分子时钟以及活动节律的信号网络。

6. 小动物活体成像显示转移 在裸鼠肺转移实验中,通过尾静脉注射表达荧光素酶的 K1-shControl 或 K1-shGGCT 细胞。生物发光成像结果显示,K1-shControl 组和 K1-shGGCT 组在第 0 天将肿瘤细胞成功聚集到肺中。随着观察时间的延长,K1-shGGCT 组的生物发光信号迅速增加。内脏器官的体外成像结合肺组织的 H&E 染色也证实了这一点(图 3.1.16)。

3.1.7 实验动物不规范操作引起安全事故实例

(1) 事故介绍:1998 年,某高校学生在用大白鼠进行试验时,有两名学生被大白鼠咬伤,还有一些学生在解剖的过程中,未按照要求戴手套操作,结果在 29 名学生中有 9 名感染了流

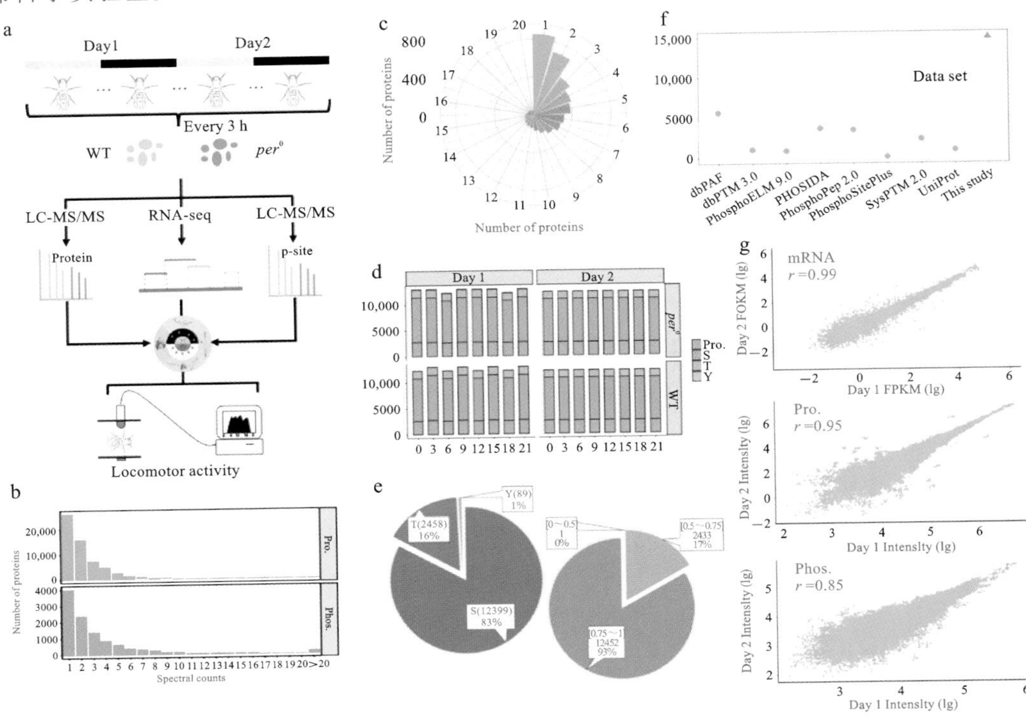

图 3.1.15 果蝇头部昼夜节律多组学分析

(源自:Wang C W,Shui K,Ma S S,et al. Integrated omics in Drosophila uncover a circadian kinome[J]. Nat commun,2020,11(1):2710.)

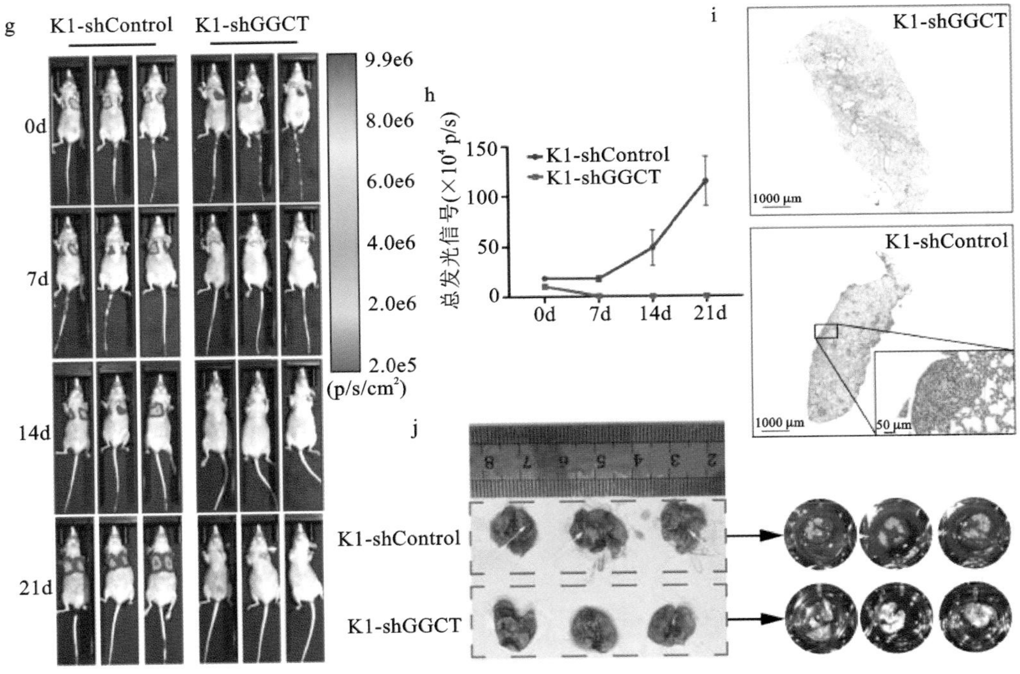

图 3.1.16 裸鼠肺转移的活体成像检测

(源自:Li H N,Zhang H M,Li X R,et al. MiR-205-5p/GGCT attenuates growth and metastasis of papillary thyroid cancer by regulating CD44[J]. Endocrinology,2022,163(4):bqac022.)

行性出血热。

事故原因分析：实验动物购买时及使用前，采购人未按照《实验动物管理条例》确认实验动物的安全性；实验前，指导教师未严格要求学生佩戴手套；实验过程中，指导教师未有效指导、监督，学生未规范操作；事故发生后未及时处理学生伤口。

（2）事故介绍：2010 年 12 月，某大学的 28 名师生在一次“羊活体解剖学实验”中染上了布鲁氏菌病。布鲁氏菌病与甲型 H1N1 流感、艾滋病等 20 余种传染病并列为乙类传染病。

事故原因分析：实验动物购买时，采购人未按照《实验动物管理条例》要求养殖场出具有关检疫合格证明；实验前，指导教师未按照规定对购买的实验动物进行现场检疫；在指导学生实验过程中，未严格要求学生遵守操作规程进行有效防护，部分学生未佩戴口罩和手套；实验动物管理失职、监督不到位。

3.2 微生物安全与操作规范

微生物材料是生命科学实验室常用的实验材料之一，例如，细菌、病毒、真菌等，其中病原微生物能侵犯人体或实验动物，从而引起疾病。根据 2018 年 3 月 19 日《国务院关于修改和废止部分行政法规的决定》第二次修订的《病原微生物实验室生物安全管理条例》，将病原微生物分为四类：第一类病原微生物，指能够引起人类或者动物非常严重疾病的微生物，以及我国尚未发现或者已经宣布消灭的微生物；第二类病原微生物，指能够引起人类或者动物严重疾病，比较容易直接或者间接在人与人、动物与人、动物与动物间传播的微生物；第三类病原微生物，指能够引起人类或者动物疾病，但一般情况下对人、动物或者环境不构成严重危害，传播风险有限；实验室感染后很少引起严重疾病，并且具备有效治疗和预防措施的微生物；第四类病原微生物，指在通常情况下不会引起人类或者动物疾病的微生物。第一类和第二类病原微生物统称为高致病性病原微生物。因此，为了保证实验室生物安全，以微生物尤其是病原微生物为实验材料的教学与科研活动，在开展前需要对相关人员进行专业培训，必须严格遵守国家管理条例以及相关规则与章程。

3.2.1 微生物材料的购买

（1）在使用微生物样本时，使用者应填写申购表，经负责人审核和审批后，方可依照国家相关法律法规和相关采购规定从国家认证的菌种保藏中心购买。

（2）如果购买的是病原微生物样本，使用者应按照学校审批流程，填写申购表，经学校负责人审核和审批后，报行业主管部门批准，其转移和运输需按规定报卫生和农业主管部门批准，并按相应的运输包装要求包装后转移和运输；须从有资质的单位（具有相应的合格证书）购买，由具有掌握相关专业知识和操作技能的人员在具有相应防护措施的情况下接收，并对样本的来源、采集过程和方法等做详细记录。严禁私自转让他人。

3.2.2 微生物材料的储存及保管

（1）微生物材料须有详细的入库记录。

（2）使用病原微生物菌种的实验室应采取相应的安全保护措施，将其保存在带锁的冰箱或柜子中，高致病性病原微生物菌种实行双人双锁管理；病原微生物菌种的保存、实验使用、销毁等记录都需要完善保留；严禁私自转让给他人。严防病原微生物菌种被盗、丢失或泄漏。

3.2.3 微生物无菌操作规范

(1) 微生物无菌操作要求。

①创造无菌的操作环境,在操作前将所需的已灭菌物品(如培养基、试剂和枪头等)和未灭菌物品(如酒精灯、接种针、接种环、移液枪、75%酒精棉等)放入超净工作台,开启紫外灯进行消毒处理,操作要符合超净工作台操作规范和注意事项。

②在进行微生物无菌操作时,必须穿工作服,手部需要用75%酒精消毒。

(2) 微生物无菌操作注意事项。

①在微生物无菌接种过程中,用到的接种针或接种环需要灼烧灭菌,一定要用酒精灯内焰,且需要烧到针或环与杆的连接处(图3.2.1)。

②在微生物无菌接种过程中,必须在酒精灯火焰前操作,要在距离火焰3 cm内,不能离火焰太远(图3.2.2),且不能将接种试管直放(图3.2.3)。

③勿将带有菌液的移液枪、带安全吸球的移液管等拿出超净工作台随意放置,尤其是不能倒置(图3.2.4)。

图3.2.1 酒精灯示意图

注:需要用酒精灯内焰灼烧灭菌。

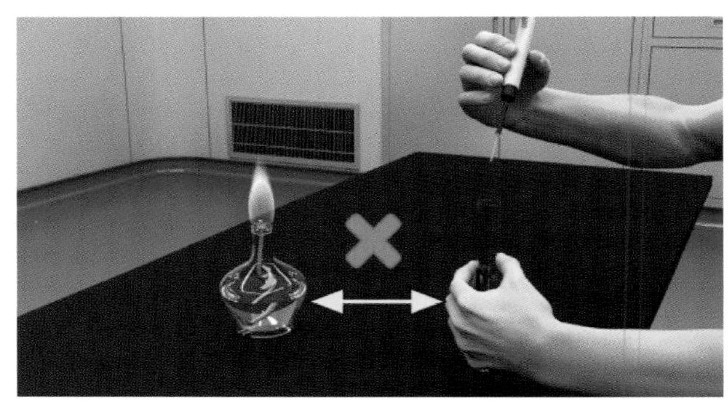

图3.2.2 无菌接种错误操作

注:无菌接种操作不能离火焰太远。

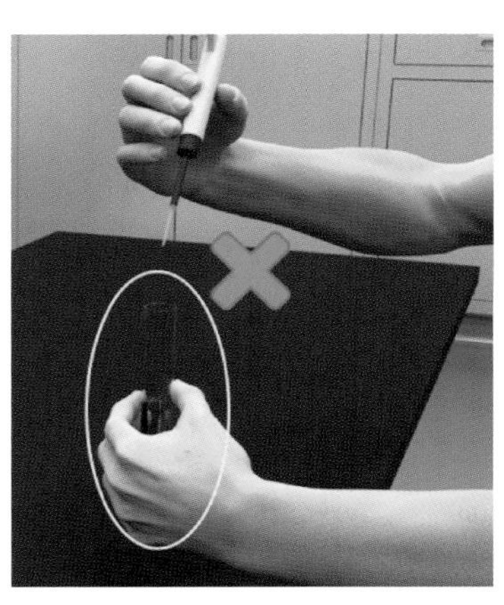

图3.2.3 无菌接种时试管的错误操作

注:无菌接种时试管不能直放,容易掉入其他杂菌。

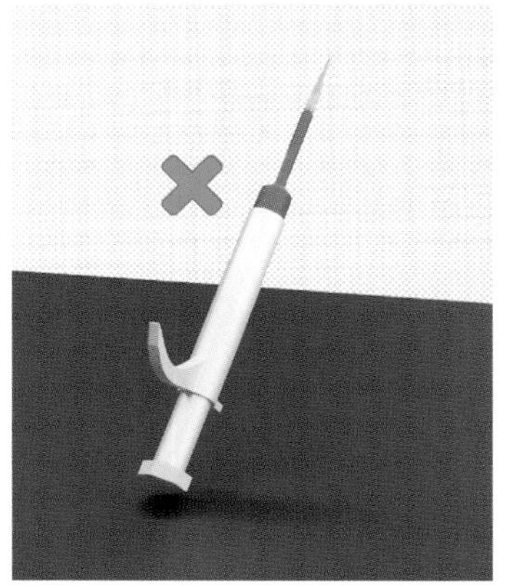

图3.2.4 移液枪的错误放置

注:不能倒置带菌液的移液枪,倒置易使菌液流入枪体内。

④用酒精给手部消毒。在手部残留有较多酒精时，一定要远离酒精灯火焰，以免手部着火烧伤；如果不小心将酒精灯打翻，一定要快速关掉超净工作台电源，并迅速拿湿抹布盖灭。

所有接触过微生物的一次性器皿、枪头等废弃物都需要经过高温灭菌后，方可按照垃圾分类进行丢弃。所有接触过微生物的可循环使用的器皿等需要先经过高温灭菌方可进行清理，清理干净之后再使用。

⑤斜面接种微生物无菌操作：将接种环或接种针在火焰上充分灼烧，从柄部到环端或针端，在慢慢转动过程中来回经过火焰 3 次以上，直到接种环或接种针烧红；在酒精灯火焰附近(3 cm 内)冷却，先触摸一下培养基或无菌试管内壁，待接种环或接种针冷却到室温后挑取微生物，敏捷地接种到新的培养基上(图 3.2.5)。

① 接种环或接种针在火焰上充分灼烧

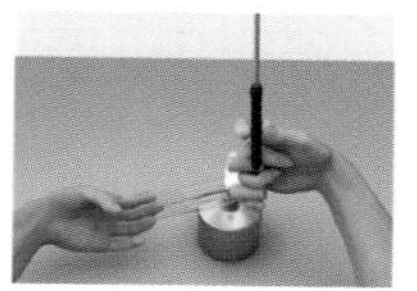
② 在酒精灯火焰附近打开试管塞

③ 试管对着酒精灯火焰，准备接种

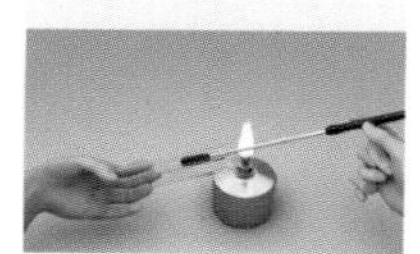
④ 灼烧后的接种环或接种针在火焰附近冷却

⑤ 挑取微生物快速接种到新的培养基

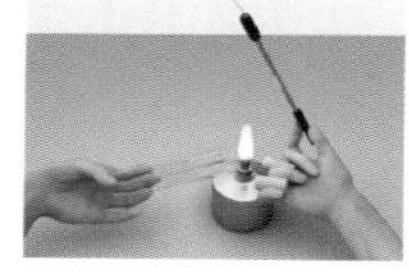
⑥ 试管口和试管塞通过火焰灼烧后塞紧

图 3.2.5　斜面接种微生物无菌操作示意图

用过的接种环或接种针，需要从柄部到环端或针端经火焰灭菌；不能直接灼烧环端或针端，以免残留在接种环或针上的微生物爆溅，从而污染超净工作台；此外，进行斜面接种微生物无菌操作的试管口应向下倾斜，从火焰上经过，而手、手腕、胳膊等严禁经过打开的试管口，避免污染杂菌。

⑥安瓿瓶微生物活化：一般从菌种保藏中心购买的微生物都是采用真空冷冻干燥的方式进行保藏的，多以安瓿瓶为主。正确开启安瓿瓶的方法如图 3.2.6 所示，安瓿瓶开启后，将菌种涂布在固体培养基平板进行活化培养，该操作需在已经消毒后的超净工作台进行。

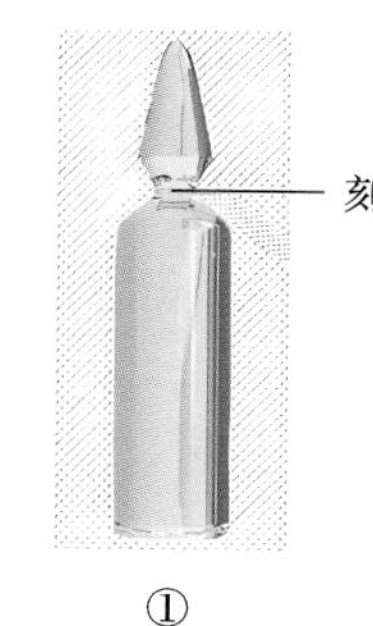

①
轻敲安瓿，待内容物沉到底部

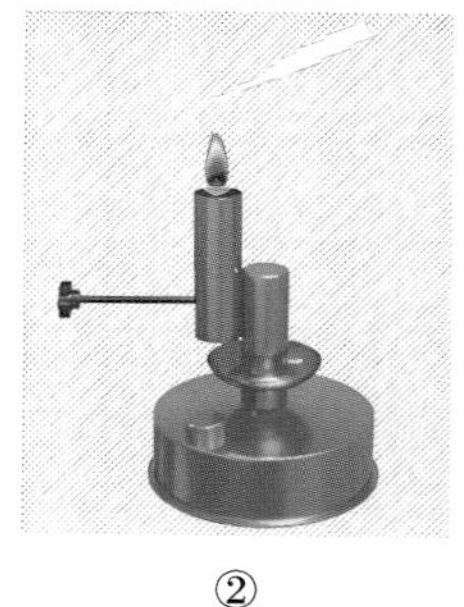
②
取一只尖细的玻璃滴管，用喷灯烧融尖端

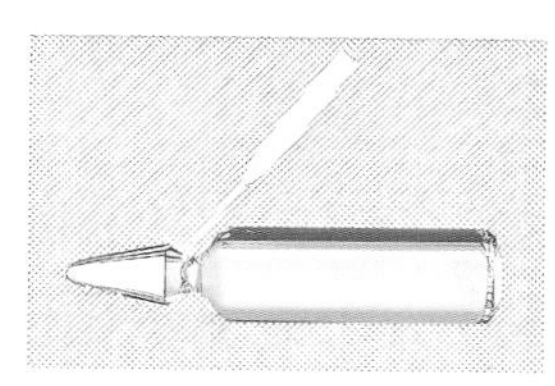
③
把熔融的玻璃迅速点到刻痕处。刻痕处一般会立即出现裂纹

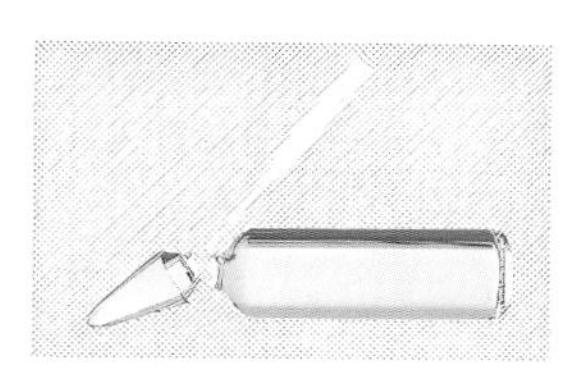
④
朝无内容物端适当倾斜，掰开安瓿

图 3.2.6　安瓿瓶开启的操作规范

在图中的操作④过程中,掰开安瓿瓶时一定要对着酒精灯火焰(火焰周围3 cm内),且瓶口朝下,有一定倾斜;此外,严禁将开启后的安瓿瓶随意丢弃,需高温灭菌后方可按照垃圾分类进行丢弃。

3.2.4 病原微生物操作注意事项

(1)病原微生物实验室资质要求。

开展病原微生物菌种研究的实验室须具备相应的安全等级资质。目前,生物安全实验室分为四个生物安全防护等级(biological safety level,BSL),分别为1级生物安全实验室(BSL-1);2级生物安全实验室(BSL-2),3级生物安全实验室(BSL-3),4级生物安全实验室(BSL-4)。其中,BSL-3和BSL-4实验室须经政府部门批准建设;BSL-1和BSL-2实验室由学校建设后报政府卫生或农业部门备案。开展未经灭活的高致病性病原微生物菌种(列入一类、二类)的相关实验和研究,必须在BSL-3、BSL-4实验室中;开展低致病性病原微生物菌种(列入三类、四类),或经灭活的高致病性感染性材料的相关实验和研究,必须在BSL-1、BSL-2或以上等级实验室中。其中,BSL-2及以上安全等级实验室需要设置门禁管理制度,储存病原微生物的场所或储柜配备防盗设施,并安装监控报警装置。

(2)病原微生物操作注意事项。

①不同类别的病原微生物应在相应级别的生物安全实验室进行操作。

②开展高致病性病原微生物相关实验时,须有两名以上的工作人员共同进行,并做好使用记录。实验结束后,应依照相关规定及时将病原微生物样本存放、销毁或送交规定的保管单位保管。严禁将盛装病毒微生物的容器敞开放置(图3.2.7)。

注:严禁将盛装病原微生物的容器敞开放置

图3.2.7 含病原微生物样本的操作规范

注:严禁将盛有病原微生物的容器敞开放置。

③涉及病原微生物实验的废弃物,必须进行无害处理,采取措施防止污染,并按相关规定包装、暂存,由有资质的部门集中处理。实验用的一次性个人防护用品和实验器材等废弃物需要消毒灭菌,达到生物安全级别后再按照感染性废弃物收集处理;非一次性的用品和器材,应放置在有生物安全标记的防漏袋中送至指定地点消毒灭菌后方可清洗。经生物无害化处理后的废弃物包装必须符合要求,并有中文标签,标签内容包括产生废弃物的实验室、产生日期、废弃物类别等。实验废弃物最终处置必须交由经市环保部门资质认定的医疗废物处置单位集中处置。

3.2.5 微生物操作实例

(1) 不规范操作引起的感染事故实例汇总。

斯图尔特·布莱克塞尔教授等人总结了2000—2021年关于感染的相关文献和报道，发现309人遭遇实验室获得性感染，涉及51种病原体，8人因实验室获得性感染死亡；实验室病原体意外逃逸的案例有16个。

研究者对感染的原因进行统计分析后发现，69.3%的实验室获得性感染由程序性错误引起，9.1%原因不明，其他原因包括针头刺伤(7.4%)、液体溢出(7.1%)、未说明原因(4.2%)、液体飞溅(1.6%)、药瓶破碎(1.0%)和动物咬伤(0.3%)。总的来说，操作错误是最常见原因，归根到底是人为错误，主要是由培训不足、能力低下、对病原微生物的危害影响理解不足，或这些因素的组合而引起(源自：Blacksell S D，Dhawan S，Kusumoto M，et al. Laboratory-acquired infections and pathogen escapes worldwide between 2000 and 2021：a scoping review[J]. Lancet Microbe，2024，5(2)，e194-e202.)。

(2) 警示案例：甘肃兰州药厂废气带菌而致人感染。

①事故介绍：2019年11月28日，某研究所2名学生检测出布鲁氏菌抗体阳性，11月29日这2名学生所在团队布鲁氏菌抗体阳性的人数增加至4人，随后该团队学生集体进行了布鲁氏菌抗体检测，陆续检出抗体阳性人员，截至2019年12月25日，血清布鲁氏菌抗体初筛检测累计671份，实验室复核检测确认抗体阳性人员累计181例，其中1人出现临床症状。

②事故原因分析：布鲁氏菌病属于乙类传染病，为人兽共患病，潜伏期为7～60天，发病后3个月为急性期，主要由患病牲畜传染给人，表现为发热、关节肌肉痛、乏力、多汗等临床症状。经调研，此事故是2019年7月24日至8月20日，某药厂在兽用布鲁氏菌疫苗生产过程中使用过期消毒剂，致使生产发酵罐排放的废气灭菌不彻底，携带有含菌发酵液的废气形成含菌气溶胶，生产时段该区域主风向为东南风，某研究所处在该药厂的下风向，人体吸入或黏膜接触产生抗体，造成该研究所发生布鲁氏菌抗体阳性事件。

3.3 生物医用材料安全与操作规范

生物医用材料是现代医学领域中不可或缺的组成部分，它们在疾病的诊断、治疗、修复以及功能恢复方面发挥着至关重要的作用。随着科技的进步，生物医用材料的种类和应用范围不断扩大，包括但不限于生物医用金属材料、无机非金属材料、高分子材料、复合材料以及纳米材料等。然而，这些材料的使用也伴随着潜在的风险和挑战。某些材料可能因其固有的特性或在特定条件下对人体或实验动物产生危害，而材料的合成、纯化和功能化修饰过程中也可能存在安全风险。因此，为了确保实验室人员和实验动物的安全，以及实验的有效性和可靠性，必须遵循严格的操作规范和安全注意事项。本节以纳米材料、细菌纤维素、壳聚糖、胶原蛋白、羟基磷灰石等具有代表性的生物医用材料为例，详细介绍其规范操作流程和安全防护措施，旨在为科研人员和学生提供全面的指导，确保生物医用材料的安全使用。

3.3.1 纳米材料简介及操作注意事项

纳米材料是指在三维空间内至少有一维处于纳米尺度范围(1～100 nm)的材料，其可能穿越人体所有保护屏障，包括血脑屏障和胎盘屏障等，因此使用纳米材料时需要考虑纳米材料的全身毒性,特别是中枢神经毒性和生殖毒性。因此,纳米材料实验应在相应级别的生物安全防护实验室进行。

操作注意事项:

(1) 纳米材料及相关实验材料须单独存放,严格做好使用登记和销毁记录。材料须存放在密封容器中,且开启时避免振动。

(2) 在所有的容器表面贴上与所装样品相应的标签,样品采用全称,标签上要注明“纳米”字样;实验前须在有关文献中查找纳米材料的安全说明。

(3) 实验应该在通风橱或者通风的地方进行;穿戴专用实验服、口罩、手套,做好防护措施。

(4) 与纳米材料实验相关的废弃物应先做无害处理,再按照相关的规定进行处理。

3.3.2 细菌纤维素简介及操作注意事项

细菌纤维素(bacterial cellulose,BC)是由微生物合成分泌到胞外的天然纳米纤维,与植物纤维素一样,都是由β-(1,4)糖苷键连接组成的长链多糖高分子。BC水凝胶的含水量高达99%,具有极高的聚合度(DP=4000～8000)和结晶度(80%～90%)。BC纳米纤维相互延伸缠绕,组成了纤维素水凝胶精细的三维网络结构。这种结构赋予了BC很强的机械性能、良好的持水性与渗透性。此外,BC也具有很好的柔性、无毒以及良好的生物相容性等优点,在食品、化妆品、生物医药以及可再生能源领域应用前景广阔。

BC是由醋酸菌属等不会引起人或动物致病的微生物合成,生物安全水平为Ⅰ级。但BC生物合成过程需保证无杂菌污染,样品的收集与纯化需要用到强碱以及高温,实验操作不当会引起安全事故,因此,BC的生物合成与制备实验时应在相应级别的生物安全防护实验室进行。

操作注意事项:

(1) BC由醋酸菌属(*Acetobacter*)、土壤杆菌属(*Agrobacterium*)、根瘤菌属(*Rhizobium*)和八叠球菌属(*Sarcina*)等微生物合成。合成BC的过程需要创造无菌的操作环境,培养基、试剂和枪头等须严格按照高温高压灭菌操作规范和注意事项进行高温高压灭菌(121 ℃,20 min)。然后将已灭菌物品(如培养基、试剂和枪头等)和所需的未灭菌物品(如酒精灯、接种针、接种环、移液枪、75%酒精棉等)放入超净工作台,并开启紫外灯进行消毒处理(参照超净工作台操作规范和注意事项)。

(2) BC生物合成后需要纯化,需置于NaOH溶液中煮沸适当时间,以去除附着在BC表面及内部的细胞碎片、培养基成分以及内毒素。将纯化后的BC在高温高压灭菌后保存于4 ℃灭菌的超纯水中以备用。需按照相关规定进行规范操作。

(3) 如需检测以BC为代表的生物材料的抗菌性能,需严格按照病原微生物操作注意事项操作。

(4) 需评价以BC为代表的生物材料的体内外生物相容性时,须严格按照细胞培养以及动物实验的规范操作。

3.3.3 壳聚糖简介及操作注意事项

壳聚糖具有良好的生物相容性、生物可降解性,其作为一种组织工程支架材料,有着良好的应用前景,易被加工成多孔支架、薄膜和微球,在骨组织、中枢神经和关节软骨组织工程等方面均发挥重要作用。在伤口愈合方面,壳聚糖生物材料可明显改善材料与哺乳动物细胞的相互作用,包括成骨细胞、成纤维细胞、巨噬细胞和角质形成细胞,有助于组织的再生和修复。此外，壳聚糖及其衍生物还可增加细胞外溶菌酶活性，抑制纤维增生，并促进组织生长，使伤口能更好地愈合。壳聚糖还可用作复合材料，应用于骨组织修复和软骨修复。壳聚糖微球作为一种新型的药物载体也备受关注，在药物输送和缓控释方面发挥重要作用。

壳聚糖通常由甲壳素脱乙酰制得，但甲壳素往往与蛋白质、碳酸钙、磷酸钙等紧密缔合在一起，溶解性很差。给甲壳素提取及其后续分离除杂过程带来困难。壳聚糖制备方法主要有 3 种：化学方法、物理方法和酶法。通常采用化学方法，制备过程为原料（粉末）→脱蛋白→甲壳素（含盐）→脱盐→粗甲壳素→脱色→甲壳素→脱乙酰→壳聚糖。化学方法制备过程涉及高浓度碱溶液与高温条件。需按照相关规定进行规范操作。

操作注意事项：

(1) 甲壳素脱蛋白工艺多采用 NaOH 碱提法，一般反应条件为料液比 1∶(10～30)，NaOH 质量浓度 5%～20%，提取时间 0.5～3.0 h。脱蛋白过程涉及碱化学试剂的使用，需按照相关规定进行规范操作。

(2) 甲壳素脱盐通常采用酸浸法，以稀盐酸最为常见，一般料液比为 1∶10～30，盐酸浓度为 0.5～3.0 mol/L，脱盐时间为 1～4 h。脱盐过程涉及酸化学试剂的使用，需按照相关规定进行规范操作。

(3) 甲壳素脱色工艺通常采用氧化法，以 $KMnO_4$、H_2O_2、$NaClO_3$ 等较为常见，氧化剂一般浓度选用 0.5%～1.0%较为适宜。脱色过程涉及氧化化学试剂的使用，需按照相关规定进行规范操作。

(4) 甲壳素的脱乙酰作用通常是通过浓碱与甲壳素的乙酰基作用而使乙酰基脱落，通常在 40%～50%NaOH 水溶液中 110～120 ℃下水解 2～4 h 得到。脱乙酰过程涉及高浓度碱溶液与高温条件，需按照相关规定进行规范操作。

(5) 在评价壳聚糖生物材料的体内外生物相容性时，须严格按照细胞培养以及动物实验的规范操作。

3.3.4 胶原蛋白简介及操作注意事项

胶原蛋白存在于细胞外液当中，是细胞重要的黏附和结合结构。人体含有丰富的胶原蛋白，其广泛分布在骨、皮肤、血管壁、肌腱、韧带、肌肉、软骨、角膜等组织中。胶原蛋白具有生物力学性能好、免疫原性低、可降解、促进细胞黏附生长等特点而具有独特优势，在生物材料的应用上十分广泛。目前胶原蛋白已被用于伤口止血、皮肤修复以及组织工程，其优势需要更为深入地开发应用。

传统的胶原蛋白主要是利用热水浸提法、酸碱水解法和酶解法等从陆生动物结缔组织和水产加工副产物中提取。此外，随着基因工程、蛋白质工程等分子生物学研究的快速发展和成熟，重组胶原蛋白的制备方法也已建立。不同的提取与制备过程涉及化学试剂、酶试剂、高温、高压、基因工程技术的使用，需按照相关规定进行规范操作。

操作注意事项：

(1) 胶原蛋白的热水浸提法以纯水作为溶剂，通常在高温（>150 ℃）和高压（25000 kPa）下进行。酸水解法通常以酸为介质（多为醋酸、盐酸、乳酸或柠檬酸），从动物组织（猪皮、牛皮、驴皮、鱼等）中提取胶原蛋白。碱水解法常以 $Ca(OH)_2$ 和 NaOH 为溶剂提取胶原蛋白。这些胶原蛋白提取方法涉及酸、碱等试剂与高温、高压条件，需按照相关规定进行规范操作。

(2) 酶解法则是利用胃蛋白酶、胰蛋白酶和木瓜蛋白酶等将胶原分子端肽间的共价键切除,促进胶原蛋白的溶出。其反应条件相对温和,涉及相关酶试剂的使用,需按照相关规定进行规范操作。

(3) 基因工程技术生产的胶原蛋白又称为重组胶原蛋白,是指基于人胶原蛋白的特征和主要功能域重新优化设计基因序列,然后通过选用各种宿主细胞,如转基因鼠、昆虫、转基因蚕、转基因烟草、大肠杆菌、酵母等生产重组人源胶原蛋白。重组胶原蛋白的生产过程涉及多种基因工程技术的使用,需按照基因工程技术相关规定进行规范操作。

(4) 在评价胶原蛋白生物材料的体内外生物相容性时,须严格按照细胞培养以及动物实验的规范操作。

3.3.5 羟基磷灰石简介及操作注意事项

羟基磷灰石的化学组成和结晶结构类似于人骨骼系统中的磷灰石,优良的生物活性和生物相容性是其最大的优点,人体骨细胞可以在羟基磷灰石上直接形成化学结合,在普通合成的生物材料中添加少量纳米羟基磷灰石可显著改善生物材料对成骨细胞的黏附和增殖能力,促进新骨形成,因此适宜于作骨替代物。

目前生产羟基磷灰石的方法主要有湿法合成和干法合成,其中湿法合成包括溶胶-凝胶法、沉淀法和水热法三种,制备过程比较复杂,且涉及酸、碱、有机溶剂以及高温过程,需按照相关规定进行规范操作。

操作注意事项:

(1) 溶胶-凝胶法是将醇盐溶解在选定的有机溶剂中,在其中加蒸馏水使醇盐发生水解、聚合反应后生成溶胶,再将 Ca^{2+} 溶胶缓慢滴加到 $(PO_4)^{3-}$ 溶胶中,溶胶加水变为凝胶,凝胶经老化、洗涤、真空状态下低温干燥,得到干凝胶,再将干凝胶高温煅烧得到羟基磷灰石的纳米粉体。溶胶-凝胶法化学过程比较复杂,需使用具有毒性的有机溶剂,需按照相关规定进行规范操作。

(2) 沉淀法是将一定浓度的磷酸氢铵和硝酸钙进行反应或者将磷酸与氢氧化钙在一定的温度下搅拌反应生成羟基磷灰石沉淀,反应过程中用碱溶液调节 pH,把羟基磷灰石沉淀高温煅烧从而得到羟基磷灰石粉体。制备过程涉及碱化学试剂的使用及高温煅烧过程,需按照相关规定进行规范操作。

(3) 水热法需在特制的密闭的反应器(高压釜)内,以水溶液为反应介质,在高温高压环境中,使介质($CaCl_2$[或 $Ca(NO_3)_2$]与 $NH_4H_2PO_4$)温度上升到 200～400 ℃,使原来难溶或不溶的物质溶解并重新结晶的方法制备羟基磷灰石。制备过程涉及高温、高压设备的使用,需按照相关规定进行规范操作。

(4) 干式法是把同态磷酸钙及其他化合物磨细并均匀混合在一起,在有水蒸气存在的条件下,反应温度大于 1000 ℃(1000～1300 ℃)时得到结晶较好的羟基磷灰石。该方法涉及较高的温度和较长的热处理时间,需按照相关规定进行规范操作。

(5) 在评价羟基磷灰石生物材料的体内外生物相容性时,须严格按照细胞培养以及动物实验的规范操作。

3.3.6 生物医用材料的存储及使用规范应用实例——细菌纤维素(BC)水凝胶的合成、纯化及功能化修饰

1. 细菌纤维素(BC)水凝胶的合成及纯化 BC水凝胶由葡糖木醋杆菌菌株(*G. xylinus*)代谢合成。葡糖木醋杆菌菌株 *Gluconacetobacter xylinum*(*G. xylinum*,ATCC 53582,革兰氏阴性菌)来源于美国模式培养物集存库(American Type Culture Collection,ATCC)。该菌株培养于液体HS培养基(Hestrin-Schramm)中。

(1) HS培养基的配制:分别称取5 g蛋白胨、5 g酵母浸粉、6.8 g十二水合磷酸氢二钠、1.5 g柠檬酸钠和20 g葡萄糖,加入1 L的超纯水中,充分搅拌使其溶解,并分装于多个规格为250 mL的锥形瓶中,每个锥形瓶分装100 mL。将分装好的HS培养基经过高温高压灭菌(121 ℃,20 min)后放置在超净工作台中冷却后使用。

(2) BC菌种的活化:将保存在4 ℃冰箱中的葡糖木醋杆菌的菌液按照10%(*V*/*V*)的接种量接种到盛有100 mL的HS液体培养的锥形瓶中,并置于30 ℃的恒温培养箱中培养1~2天使其达到最佳的生长活力。

(3) BC水凝胶的合成:将活化的BC菌液以10%(*V*/*V*)的接种量接种到多个含有100 mL HS培养基的锥形瓶中,然后将其置于30 ℃的恒温培养箱中培养3~5天,获得厚度约为3 mm,直径约为10 cm的水凝胶膜。

(4) BC水凝胶的纯化:合成的BC水凝胶膜用自来水冲洗并浸泡1天后取出,置于0.1 mol/L的NaOH溶液中煮沸30 min,以去除附着在BC水凝胶膜表面及内部的细胞碎片和培养基成分。然后将BC水凝胶膜浸入去离子水中,连续7天,每天更换新鲜的去离子水直至pH呈中性。然后将纯化后的水凝胶膜打孔制备成厚度约3 mm,直径分别为7 mm、10 mm和15 mm的圆形水凝胶膜,以及剪裁为长、宽、厚分别为5 cm、3 cm、3 mm的水凝胶样品。最后将纯化的不同规格的BC水凝胶在121 ℃下高压灭菌30 min,并保存在4 ℃灭菌的超纯水中以备用。

2. 细菌纤维素/明胶(BC/Gel)复合水凝胶的制备 首先,用超纯水配制0.1 wt%的明胶溶液。然后将上述合成与纯化的不同规格的BC水凝胶膜浸入所配制的明胶溶液中,置于25 ℃,200 r/min条件下磁力搅拌24 h后得到BC/Gel复合水凝胶。

3. 载硒的细菌纤维素/明胶(BC/Gel/SeNPs)纳米复合水凝胶的原位合成 采用物理浸润与原位合成的方法制备载硒的BC/Gel/SeNPs纳米复合水凝胶(图3.3.1)。

(1) 首先,将H_2SeO_3溶解在0.1 wt%的明胶溶液中得到0.12 mol/L的前驱体H_2SeO_3母液,然后将前驱体H_2SeO_3母液用0.1 wt%的明胶溶液分别稀释成0.0075 mol/L、0.015 mol/L、0.03 mol/L和0.06 mol/L的H_2SeO_3前驱液。

(2) 为了使得SeO_3^{2-}能够充分地进入BC的三维网络中,以及确保明胶能够充分包覆在BC表面,将已纯化的不同规格的BC水凝胶浸泡在不同浓度的H_2SeO_3前驱液中,并分别在25 ℃,200 r/min条件下,磁力搅拌24 h。

(3) 在上述不同浓度的H_2SeO_3的明胶溶液中,以一水合肼($N_2H_4 \cdot H_2O$)与H_2SeO_3的8∶1(物质的量之比)比例,快速加入还原剂N_2H_4,并在60 ℃,400 r/min下磁力搅拌5 min使得渗透在BC三维网络中的SeO_3^{2-}原位还原成为单质纳米硒颗粒,从而原位合成载有不同SeNPs含量的BC/Gel/SeNPs纳米复合水凝胶。

(4) 所获得的BC/Gel/SeNPs纳米复合水凝胶用大量无菌超纯水洗涤,以彻底去除残留的化学物质。所有操作均在无菌超净工作台上进行。

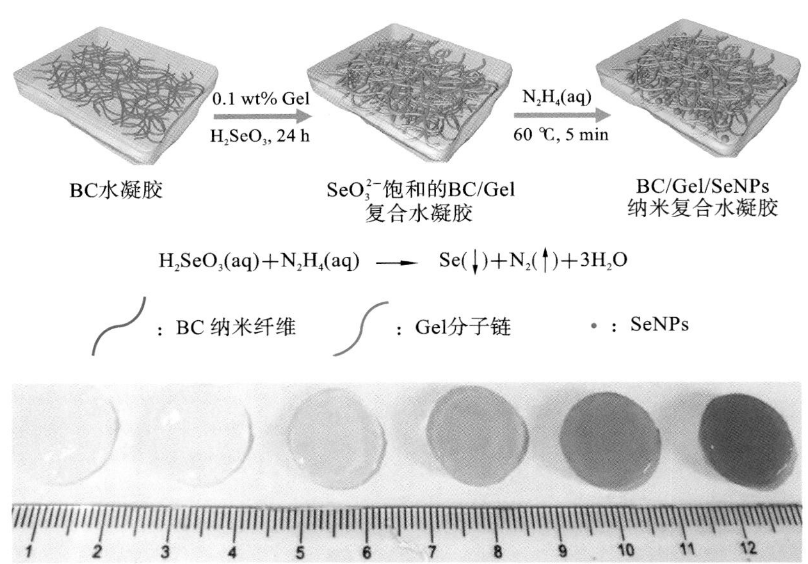

图 3.3.1 BC/Gel/SeNPs 纳米复合水凝胶的原位合成流程

(摘自:Mao L,Wang L,Zhang M Y,et al. In situ synthesized. Selenium nanoparticles-decorated bacterial cellulose/gelatin hydrogel with enhanced antibacterial,anti oxidant,and anti-inflammatory capabilities for facilitating skin wound healing[J]. Adv Healthc Mater,2021,10(14):e2100402.)

3.4 人与动物的血液样本安全与操作规范

血液是人与动物机体的基本组成部分,是机体正常生理功能的保障,当机体发生病理变化时,血液中血细胞的种类和数量均会随之变化。血细胞中的基因组 DNA 以及血液中游离 DNA 等大分子物质是基因组研究和临床诊断的基础。因此,在生命科学实验中人或动物的血液样本是常见的重要生物材料。

由于许多病原体存在于血液中,所以在利用血液样本进行实验时,为了保障操作者和实验环境的安全,避免血液样本之间的交叉污染,必须严格遵守血液样本采集、运输、储存、保管和操作规范。下面主要以人血液样本为例进行介绍。

3.4.1 来源

(1) 人血液样本应在有资质的医疗机构或血站进行采集。

(2) 血液制品必须严格按照《血液制品管理条例》相关规定获取。

(3)《中华人民共和国药典》规定血液制品生产用人血浆是以单采血浆术采集的供生产血浆蛋白制品用的健康人血浆。所有献浆员均经过严格的筛选,血浆经过多重检测,产品生产过程中使用经验证有效的病毒灭活工艺,最大限度地控制病原体的传播。

3.4.2 血液样本处理

(1) 血清:采血时应采用无抗凝剂的采血管。采血后,室温(22~25 ℃)下放置 30~60 min,加促凝剂时凝集加快(5~15 min),离心后分离血清。

(2) 血浆:采血时应采用有抗凝剂的采血管。样本采集后必须立即轻轻颠倒混合 5～10 次,以确保抗凝剂发挥作用。混匀后可立即离心分离血浆。

(3) 全血:样本采集法同血浆,抗凝血采集后可立即供检测分析用。一般临床化学检验项目多用血清或血浆。

3.4.3 储存

确保血液样本的采集、运输、处置、保存得到有效的管理,保证样本的良好、完整、不被污染且不污染环境,样品在检测前保存完好、完整,编号清晰。保证分析数据、血液样本的准确性和具有可追溯性。

(1) 全血样本的保存条件:①如果用于生化检验,应尽可能在 2 h 内检验或分离血清/血浆。②不能及时分离或检验时,宜室温保存,不宜存放在 2～8 ℃冰箱中。低温可使血液成分和细胞形态发生变化。室温保存,也不宜超过 6 h,最多不超过 8 h。

(2) 血浆样本的保存条件:常温下不超过 8 h;4 ℃不超过 48 h;48 h 以上的应置于－20 ℃环境中保存;如果用于提取 RNA 应立即置于－80 ℃环境中保存。避免反复冻融。

(3) 血清样本的保存条件:同血浆样本的保存条件。

(4) 其他:①用于抗体检测的血清或血浆样本,应存放于－20 ℃以下环境中,短期(一周)内进行检测的样品可存放于 2～8 ℃环境中;②用于抗原和核酸检测的血浆和血细胞样本应冻存于－20 ℃以下环境中;③用于血凝测定的样本应充分抗凝后尽早离心分离血浆,在 2 h 内完成测定或 4 ℃冰箱中保存;④血液形态学检验的抗凝标本应放置在室温中,不宜冷冻,4 h 内无影响,但应及时制作血涂片。

3.4.4 运输

血液样本的运送可采用人工运送、轨道传送或气压管道运送等,需遵循以下 3 个原则:唯一标识原则、生物安全原则、及时运送原则。

(1) 实验室间传递的样本应为血清和血浆,除特殊情况外一般不运送全血。

(2) 静脉血液样本采集后宜及时送检,宜在 2 h 内完成送检及离心分离血清/血浆(全血检测样本除外)。对于需要特殊条件保存运送的检测项目,如体温(37 ℃)、冷藏(2～8 ℃)、冰冻(－20 ℃)、避光等,宜参考相关文献报道的保存条件或进行稳定性评估。

(3) 血液样本管必须加塞、管口向上、垂直放置,防止样本蒸发、污染和外溅等。且避免剧烈震荡,导致样本溶血。

(4) 特殊情况下如需对个别样本进行复检,可以用特快专递形式投寄,但必须按三级包装系统将盛样本的试管扎好,避免使用玻璃容器,确保不会破碎和溢漏(图 3.4.1)。

①内层容器:装样本,要求防渗漏。样本应置于带盖的试管内,试管上应有明显的标记,标明样本的编号或受检者姓名、种类和采集时间。在试管的周围应垫有缓冲吸水材料,以免破碎。随样本应附有送检单,送检单应与样本分开放置。

②第二层容器:要求耐受性好,防渗漏,容纳和保护第一层容器,可以装若干个内层容器。将试管装入专用带盖的容器内,容器的材料要易于消毒处理。

③外层容器:放在一个运输用外层包装内,应易于消毒。在外层容器外面要贴标签(注明数量,收发件人)。

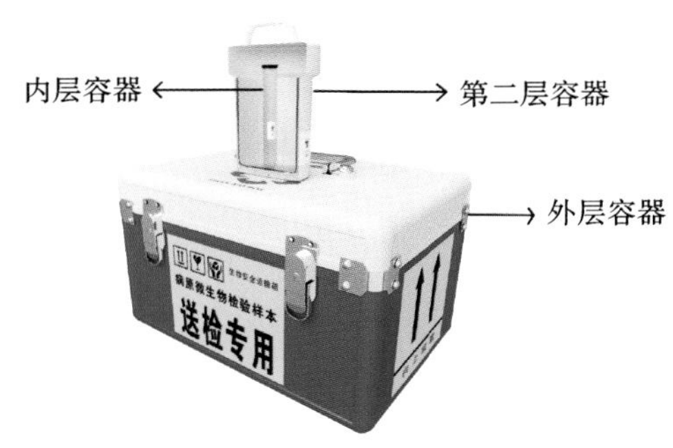

图 3.4.1 生物安全运输箱

3.4.5 接收

(1) 含有感染性样本的包裹必须在具有处理感染源设备的实验室内,由经过培训的、穿戴防护工作服的工作人员打开,同时报告有关领导和专家。

(2) 核对样本与送检单,检查样本管有无破损和溢漏。如发现溢漏,应立即将尚存留的样本移出,对样本管和盛器消毒,同时报告有关领导和专家。

(3) 检查样本的状况,记录有无严重溶血、微生物污染、血脂过多以及黄疸等情况。如果污染过重或者认为样本不能被接受,则将样本安全废弃,并要将样本情况立即通知送样人。

(4) 打开样本容器时要小心,以防内容物泼溅。样本处理时若内容物有可能溅出,则应在生物安全柜中戴手套进行处理。同时应戴口罩、防护眼镜,以防皮肤和黏膜被污染。

(5) 接收样本时应填写样本接收单。

(6) 用后的包裹应及时进行消毒。

3.4.6 操作注意事项

(1) 从事血液样本实验的相关人员必须定期进行健康检查,必要时免疫接种。

(2) 血液运输用物品需单独存放,存放的地点需醒目标记。

(3) 使用血液样本时必须穿实验服、戴手套和口罩等,应尽可能在生物安全柜内进行样本的操作。

(4) 保持实验设施及环境的清洁卫生,防止血液样本污染。

(5) 取样过程中注意样本的保存条件,如温度、位置等有无变化。

(6) 实验过程中如不慎被划伤,应立即用大量清水冲洗,然后涂碘伏消毒,并及时到相关医院检查和诊治。

(7) 脱下手套后,离开实验室前应洗手,接触血液样本后应立即洗手。

3.4.7 血液样本的废弃

血液样本相关废弃物必须统一处理,遵守《实验室 生物安全通用要求》(GB 19489—2008)及《医疗废物管理条例》相关规定。检测后废弃的血液样本应由专人负责处理,采用专用的容器包装,由专人送到指定的消毒地点集中处理,一般由专门机构采用焚烧的方法处理检测后的血液样本和废弃物。

3.4.8 规范操作科研应用实例

自适应疏水性纳米凝胶用于程序性抗肿瘤药物递送。

（1）SD 大鼠静脉注射游离 DOX、DOX@ING 或 DOX@SNG，以 DOX 剂量为 4 mg/kg 注射。

（2）在预定的时间点，采集 250 μL 血样，5000 r/min 离心 10 min，取血浆。

（3）100 mmol/L 谷胱甘肽处理 2 h 后，从血浆中提取 DOX，然后用甲醇除掉蛋白，10000 r/min 离心 10 min。用 F-4500 荧光分光光度计在 488 nm 激发波长和 585 nm 发射波长测定上清液中的 DOX 荧光。

（4）按照上述步骤制作 DOX 标准曲线，并根据标准曲线计算样品的 DOX 浓度。

（5）实验结果如图 3.4.2 所示。

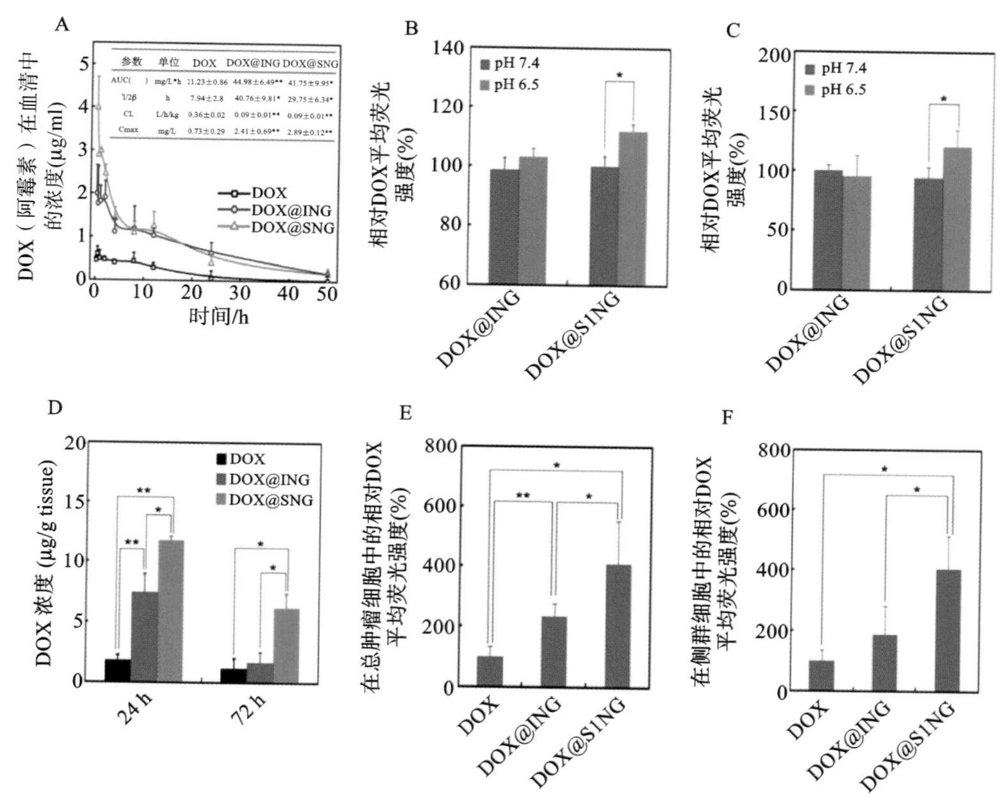

图 3.4.2 DOX@SNG 在体外和体内进入肿瘤细胞和 CSCs 细胞的血液循环及内化

（源自：Yang H，Wang Q，Li Z F，et al. Hydrophobicity-Adaptive Nanogels for Programmed Anticancer Drug Delivery [J]. Nano lett，2018，18(12)：7909-7918.）

这种基于聚 N-异丙基丙烯酰胺的温敏纳米凝胶在血液循环过程中具有亲水性，可以延长其血液循环时间。

3.4.9 不规范操作引起安全事故实例

（1）事故介绍：2004 年 5 月，俄罗斯某科学中心的一名研究人员在 BSL-4 实验室中对感染埃博拉病毒的豚鼠进行抽血操作时，被带有豚鼠血液的注射器意外扎伤左手掌，尽管立即送医，但仍因发病医治无效死亡。

（2）事故原因分析：在进行动物实验时，未严格执行安全操作规范；在可能接触到血液、体液以及其他具有潜在感染性的材料或对动物进行相关操作时，未配置合适的防护装备和防护设施。

3.5 生物大分子材料安全与操作规范

生命科学实验室常用的生物大分子材料有蛋白质、核酸、脂类、糖类等。有些生物大分子材料对人体或实验动物能够产生危害,如朊蛋白、毒素等,在以这些大分子为实验材料进行教学和科研活动时必须严格遵守相关的规则和章程,规范操作。

本节以朊蛋白和蓖麻毒蛋白为例简要阐述生物大分子材料安全与操作规范。

3.5.1 朊蛋白简介及操作注意事项

朊蛋白是可传播性海绵状脑病的病原体,可引起人或动物中枢神经系统变性疾病,具有极大的传染性,直接威胁人或动物的生命。在从事朊蛋白实验时应在相应级别的生物安全防护实验室内进行规范操作。

操作注意事项:

(1) 朊蛋白及相关实验材料必须单独存放,严格做好使用登记和销毁记录。

(2) 由于很难彻底灭活朊蛋白,因此须使用一次性实验器具,生物安全柜的工作台面须使用一次性防护罩。

(3) 使用专用仪器设备,不与其他实验共用仪器。

(4) 与朊蛋白实验相关的废弃物应先做无害化处理,再按照相关的规定进行处理。

3.5.2 蓖麻毒蛋白简介及操作注意事项

蓖麻毒蛋白是存在蓖麻籽中的蛋白质,由A、B两条多肽链构成异源二聚体。A链可引起细胞内核糖体快速失活,B链能与细胞膜上含半乳糖基的糖蛋白或糖酯结合,阻碍蛋白质合成,导致细胞死亡,使机体发生严重疾病。因此,从事蓖麻毒蛋白实验时应在相应级别的生物安全防护实验室内进行规范操作。

操作注意事项:

(1) 蓖麻毒蛋白及相关实验材料必须单独存放,严格做好使用登记和销毁记录。

(2) 穿戴专用实验服、口罩、手套,做好防护措施。

(3) 在分离纯化蓖麻毒蛋白时,操作过程中使用的所有试剂均须严格按照相关规定进行规范操作。

(4) 与蓖麻毒蛋白实验相关的废弃物应先做无害化处理,再按照相关的规定进行处理。

(5) 实验人员若不小心直接接触蓖麻毒蛋白,须立即送医院救治。

本章习题

正误判断题

1. 动物实验室生物安全防护标准中4级防护水平最低,1级防护水平最高。(　　)

2. 动物实验的3R原则包括“废止”。(　　)

3. 动物实验的方法和目的应符合人类的道德伦理标准和国际惯例。(　　)

4. 按照微生物学控制标准或根据微生物的净化程度,可将实验动物分为四级。(　　)

5. SPF动物是国际公认的实验动物,适用于所有的科学实验,是国际标准级的实验动物,主要用于进行国际交流的重大课题。(　　)

6. 实验动物必须从获得国家认证、具备有效实验动物生产许可证等资质的部门购买。(　　)

7. 实验动物运输时可根据实际情况将动物混合运输。(　　)

8. 实验室须严格按照许可证的许可范围从事动物实验工作。(　　)

9. 如需开展动物实验,实验动物如兔、小鼠等可到农贸市场购买。(　　)

10. 如果需要从事动物实验操作,实验人员必须取得有关部门颁发的动物实验技术人员资格认可证。(　　)

11. 抓起固定兔的正确方法:用手紧紧抓住兔的两个耳朵。(　　)

12. 抓取实验兔时如果不小心被咬伤或抓伤,应立即用清水冲洗,然后用碘伏等消毒液消毒,并及时去医院治疗,并遵医嘱注射狂犬病疫苗。(　　)

13. 抓取实验兔时,不小心被咬伤或抓伤后,自己用碘伏等消毒液进行处理即可。(　　)

14. 对实验兔进行操作的过程中,如果不慎被使用过的针头等刺伤,立即用清水冲洗,用碘伏消毒,并及时去医院治疗,并遵医嘱注射狂犬病疫苗。(　　)

15. 操作实验兔时,不小心被使用过的手术剪刺伤,可等实验结束后再用清水冲洗并用碘伏消毒。(　　)

16. 实验兔的心脏被取出用于实验后,兔子可食用。(　　)

17. 做完实验后,实验兔的尸体可丢弃到垃圾桶中。(　　)

18. 实验兔废弃物处理应严格按照国家法律法规以及具体管理办法执行,不得随意丢弃。严禁食用或出售实验兔。(　　)

19. 从国外购买实验小鼠时,必须严格遵守《进境动植物检疫审批管理办法》的相关规定,禁止从疫区引进实验小鼠。(　　)

20. 从国外引进实验小鼠时,只要国外机构同意即可。(　　)

21. 从事无特定病原体实验小鼠饲养的饲养员必须经过专业培训,持证上岗。(　　)

22. 只要实验需要,实验室任何人员均可饲养无特定病原体的实验小鼠。(　　)

23. 不同等级的实验动物,必须饲养在相应级别的设施内。(　　)

24. 必须经常关注实验小鼠的生活习性、行为等是否异常。(　　)

25. 实验小鼠摄食量为每天每只 10～25 g,摄水量为每天每只 30～35 mL。(　　)

26. 抓取实验小鼠时,可不戴厚手套快速抓实验小鼠,然后将实验小鼠麻醉。(　　)

27. 对实验小鼠进行腹腔注射时,应左手固定小鼠,使小鼠头呈高位,腹部朝下。(　　)

28. 对实验小鼠进行解剖时,如果不小心割破皮肤,用清水冲洗干净即可。(　　)

29. 解剖实验小鼠时,如果不慎割破皮肤,应用清水冲洗,用碘伏消毒。如果怀疑有感染,立即去医院接受治疗,并遵医嘱注射狂犬病疫苗。(　　)

30. 实验大鼠胃容量大于实验小鼠,因此灌胃的药物体积不同。(　　)

31. 由于饲养空间有限,可以将实验兔和实验小鼠放置在一个房间饲养。(　　)

32. 在符合教学和科学研究方案需求的前提下,按照替代、减少和优化的原则进行实验设计,尽量减少实验小鼠使用量。(　　)

33. 抓取实验大鼠尾部时不可以抓取尾尖,且不能让实验大鼠长时间悬空。(　　)

34. 实验大鼠和实验小鼠的操作注意事项完全一样。(　　)

35. 饲养斑马鱼的过程中,如果发现烂尾、烂鳃、烂鳍、脱鳞或皮肤充血、发炎等症状的鱼,应及时挑出。(　　)

36. 为了加快实验进度,新引进的外来斑马鱼的鱼苗可直接放入饲养室进行饲养。(　　)

37. 新引进的外来斑马鱼的鱼苗、鱼种等必须经过消毒和检疫观察后方可进入饲养室。(　　)

38. 斑马鱼养殖水体的溶解氧水平基本维持或不低于 6.0 mg/L。(　　)

39. 新购置的斑马鱼可直接放入养殖系统的循环水中。(　　)

40. 斑马鱼养殖水体溶氧度不是越高越好。(　　)

41. 生病或者老化的实验斑马鱼不能直接扔进废物箱或者下水道内,可以采用快速冷冻致死法。(　　)

42. 生病或者老化的实验斑马鱼可直接扔进垃圾桶。(　　)

43. 操作线虫时必须严格无菌操作,防止环境污染和杂菌污染。(　　)

44. 如需对线虫进行转板,可在实验操作台上进行操作。(　　)

45. 温度对于线虫的生长和繁殖有很大的影响,在线虫培养过程中需要尽量保持培养室或者培养箱的温度恒定。(　　)

46. 生命科学实验室内无污染的死亡动物尸体、组织碎块,应密封在专用塑料袋内,冷冻保存,并交专门机构处理。(　　)

47. 果蝇的麻醉状态不受麻醉时间影响。(　　)

48. 若果蝇蝇翅和蝇体成 45°角翘起,表明麻醉过度致死。(　　)

49. 清洁动物是目前国际上通用的实验动物。(　　)

50. 废弃物的量涉及废弃物处理费用的高低,减少废弃物的量是解决废弃物污染问题的最佳途径,可依据最大动物饲养空间估算废弃垫料的生产量,以安排储存空间、运送工具和人力。(　　)

51. 只要是在实验室就可以自行开展某种病原微生物或疑似样本的研究。(　　)

52. 微生物都可以按同一标准进行管理。(　　)

53. 所有接触过微生物的一次性器皿、枪头等废弃物都需要经过高温灭菌后,方可按照垃圾分类进行丢弃。(　　)

54. 所有接触过微生物的非一次性器皿需经过高温灭菌后,方可进行清洗。(　　)

55. 所有接触过微生物的非一次性器皿,可先清洗,再经过高温灭菌后使用。(　　)

56. 移液枪在用于微生物操作时,需要提前放置到超净工作台进行消毒。(　　)

57. 移液枪在用于微生物操作时,要高压灭菌后使用。(　　)

58. 微生物接种前后,接种环都要在酒精灯火焰上进行灼烧。(　　)

59. 细菌纤维素是由醋酸菌属等会引起人或动物致病的微生物合成分泌到胞外的天然纳米纤维,需严格按照病原微生物操作注意事项操作。(　　)

60. 细菌纤维素生物合成过程需保证无杂菌污染,样品的收集与纯化需要用到强碱以及高温,实验操作不当会引起安全事故。(　　)

61. 纳米材料是指在三维空间中所有维度处于 1～100 nm 的材料,其可能穿越人体所有保护屏障,包括血脑屏障和胎盘屏障等。(　　)

62. 纳米材料须存放在密封容器中,且开启时避免振动;在所有的容器表面贴上与所装样品相应的标签,样品采用全称,标签上要注明“纳米”字样;实验前须在有关文献中查找纳米材料的安全说明。(　　)

63. 壳聚糖为甲壳素的脱乙酰衍生物，通常采用化学方法制备，制备过程为原料（粉末）→脱蛋白→甲壳素（含盐）→脱盐→粗甲壳素→脱色→甲壳素→脱乙酰→壳聚糖。化学方法制备过程涉及高浓度碱溶液与高温条件，需按照相关规定进行规范操作。（　　）

64. 传统的胶原蛋白主要是利用热水浸提法、酸碱水解法和酶解法等从陆生动物结缔组织和水产加工副产物中提取的。（　　）

65. 胶原蛋白的提取方法中，酶解法是利用胃蛋白酶、胰蛋白酶和木瓜蛋白酶等将胶原分子端肽间的共价键切除，促进胶原蛋白的溶出，其反应条件相对温和。（　　）

66. 目前生产羟基磷灰石的方法主要分为湿法合成和干法合成，其中湿法合成包括溶胶-凝胶法、沉淀法和水热法三种，制备过程不涉及酸、碱、有机溶剂以及高温过程。（　　）

67. 人血液样本应在有资质的医疗机构或血站进行采集。（　　）

68. 所有人都可以申请成为献浆员。（　　）

69. 采集人血液样本时，只要被采样人同意，到私人诊所进行采集即可。（　　）

70. 血液制品必须严格按照《血液制品管理条例》相关规定获取。（　　）

71. 使用血液样本时必须穿实验服、戴手套和口罩等，做好防护。（　　）

72. 血液样本在检测前应保存完好、完整，编号清晰。（　　）

73. 血液样本可在常温下进行运输。（　　）

74. 血液样本接收时，应核对样本与送检单，检查样品管有无破损和溢漏。（　　）

75. 血液样本的废弃物必须统一处理，禁止直接倒入水槽或扔进普通垃圾桶。（　　）

76. 废弃的血液样本可直接扔进垃圾桶。（　　）

77. 从事血液样本实验的相关人员必须定期进行健康检查。（　　）

78. 所有血液样本均可直接送到专业机构处理。（　　）

79. 生物大分子材料对人体或实验动物不会产生危害。（　　）

80. 朊蛋白是不可传播的病原。（　　）

81. 朊蛋白及相关实验材料须单独存放，严格做好使用登记和销毁记录。（　　）

82. 朊蛋白实验无须使用一次性实验器具。（　　）

83. 朊蛋白实验使用专用仪器设备，不与其他实验共用仪器。（　　）

84. 蓖麻毒素由A、B两条多肽链构成异源二聚体。（　　）

85. 蓖麻毒蛋白及相关实验材料可以不用单独存放。（　　）

86. 与蓖麻毒蛋白实验相关的废弃物无须做无害处理。（　　）

87. 朊蛋白与蓖麻毒蛋白实验后材料可随意丢弃。（　　）

88. 若不小心直接接触蓖麻毒蛋白只需用水冲淋即可。（　　）

本章习题答案

1.（×）	2.（×）	3.（√）	4.（√）	5.（√）	6.（√）	7.（×）
8.（√）	9.（×）	10.（√）	11.（×）	12.（√）	13.（×）	14.（√）
15.（×）	16.（×）	17.（×）	18.（√）	19.（√）	20.（×）	21.（√）
22.（×）	23.（√）	24.（√）	25.（×）	26.（×）	27.（×）	28.（×）
29.（√）	30.（√）	31.（×）	32.（√）	33.（√）	34.（×）	35.（√）
36.（×）	37.（√）	38.（√）	39.（×）	40.（√）	41.（√）	42.（×）
43.（√）	44.（×）	45.（√）	46.（√）	47.（×）	48.（√）	49.（×）

50.(√)	51.(×)	52.(×)	53.(√)	54.(√)	55.(×)	56.(√)
57.(×)	58.(√)	59.(×)	60.(√)	61.(×)	62.(√)	63.(√)
64.(√)	65.(√)	66.(×)	67.(√)	68.(×)	69.(×)	70.(√)
71.(√)	72.(√)	73.(×)	74.(√)	75.(√)	76.(×)	77.(√)
78.(×)	79.(×)	80.(×)	81.(√)	82.(×)	83.(√)	84.(√)
85.(×)	86.(×)	87.(×)	88.(×)			

第4章 生物化学试剂安全使用规范

扫码看课件

在生命科学领域中，生物化学试剂是实验室日常工作中不可或缺的重要组成部分。这些试剂的多样性、复杂性和潜在危险性，使得其在使用过程中的安全规范显得尤为关键。生物化学试剂安全使用规范的制定，不仅是对实验室人员安全的保障，更是对实验室环境安全、科研数据准确性和科研伦理的尊重。

本章详细阐述生命科学实验室常用生物化学试剂，包括有毒害试剂（包括剧毒生物化学试剂、有毒有害试剂、强腐蚀性试剂）、化学性质不稳定类试剂以及动物麻醉药品的购买、安全规范操作、储存及废弃物处理等。我们希望通过这些规范，帮助实验室人员增强安全意识，掌握正确的操作技巧，减少实验室事故的发生，保障科研工作的顺利进行。

4.1 有毒害试剂

有毒害试剂是指那些对人体健康或环境具有潜在危害性的生物化学试剂。它们可能通过吸入、皮肤接触、摄入或其他途径进入人体，引起急性或慢性的健康问题。在实验室环境中，正确识别和管理有毒害试剂是确保安全的关键。

4.1.1 剧毒生物化学试剂

剧毒生物化学试剂是指具有剧烈毒性危害的生物类分子或试剂，简称剧毒试剂，包括天然毒素、人工合成的试剂等。这些物质可通过吸入、摄入、皮肤及眼睛接触等多种方式侵入机体。半数致死量（median lethal dose，简称 LD 50）是毒理学中描述有毒物质毒性的常用指标。剧烈急性毒性有一定的判定界限，满足以下条件之一的为剧毒试剂：大鼠试验经口 LD 50≤50 mg/kg、经皮 LD 50≤200 mg/kg、吸入 LC 50（半致死浓度）≤500 $\times 10^{-6}$（气体）或 2.0 mg/L（蒸气）或 0.5 mg/L（尘、雾）即可致死，如氰化钾、氰化钠、三氧化二砷、氯化汞及某些生物碱等。因此关于这些试剂的购买、使用、储存和废弃物处理等国家均有非常严格的规定，必须严格按规定执行。

1. 购买 生命科学实验室如需购买剧毒试剂，应严格执行危险试剂申购程序，按需申购，取得审批同意后方可购买，具体购买流程如下。

(1) 申购人填写危险试剂申购审批表。

(2) 申购人所在实验室的负责人和所在单位的安全管理员和分管领导审核、审批危险试剂申购审批表。

(3) 对于管制类危险试剂，取得实验室和所在单位审核同意后，还须将危险试剂申购审批表以及相关申请材料提交上级单位责任部门,例如,实验室与设备管理处审核同意后,根据管制类危险试剂的种类,由上级单位责任部门或申购人向行政主管部门提交购买申请。

2. 安全规范操作 剧毒试剂的所有使用人员均须取得使用资格证,操作者必须清晰了解试剂的理化性质、接受正规培训和指导、熟练掌握安全操作方法及相关防护知识。操作时必须按规定佩戴防护用具,并且确认防护用品和采取的安全措施与实验内容的安全等级完全匹配。此外,使用剧毒试剂时必须有符合要求、性能正常的通风设备。操作前预先开启通风设备,然后进行实验。实验结束后,继续保持通风状态,过一段时间再关闭通风设备。

3. 储存 剧毒试剂必须按管理要求严格储存在专用储存柜内,实行专柜保管,使用时必须严格控制,并在存放场所安装监控设施。剧毒试剂专用储存柜应在醒目的位置设置警示标识和指示牌,指示牌上必须注明负责人及联系方式以及所存放试剂的名称、危险特性、预防措施、应急措施等相关信息。剧毒试剂的日常管理应做到"五双":双人收发、双人记账、双人双锁、双人运输、双人使用。其中的双人使用是指使用剧毒试剂时必须有两人在场,即一人操作和一人监督。剧毒试剂的使用过程中操作者全程不得离开。

4. 废弃物处理 剧毒试剂的废弃物必须严格回收到指定的容器内,由专门的负责人进行处理。剧毒试剂及其相关容器严禁作为生活垃圾随意丢弃。

4.1.2 有毒有害试剂

有毒有害试剂是指在使用或处置的过程中会对人、其他生物或环境带来潜在危害的生物化学试剂。生命科学实验室中常见有毒有害试剂较多,如溴化乙锭、β-巯基乙醇、氯仿、Trizol、二乙基焦碳酸酯(DEPC)、N,N,N',N'-四甲基二乙胺(TEMED)以及二甲亚砜(DMSO)等。在生命科学实验室中使用有毒有害试剂必须严格遵守相关规定,进行安全规范操作。现以溴化乙锭、氯仿、TEMED和DMSO为例详细介绍其理化特性、安全规范操作、购买和储存及其废弃物处理。

1. 溴化乙锭

(1) 理化特性:溴化乙锭为芳香族深红色荧光化合物,分子式为 $C_{21}H_{20}BrN_3$。溴化乙锭在302 nm紫外光激发下能发射出590 nm橙红色光。溴化乙锭能嵌入DNA或RNA碱基之间,与碱基特异性结合,常用来观察被琼脂糖凝胶或聚丙烯酰胺凝胶分离后的核酸样本。

(2) 安全操作规范:由于溴化乙锭可与人核酸分子结合,导致基因错配,具有强致癌性,因此,配制和使用溴化乙锭时应戴口罩和戴手套,避免用手直接接触。

(3) 购买和储存:实验室所用溴化乙锭必须按规定合法合规购买,并严格按有毒有害试剂管理要求储存,并且避免污染其他生物化学试剂。

(4) 废弃物处理:实验结束后,操作者须对含有溴化乙锭的溶液进行无害化处理,然后放入指定的回收容器,不能随意丢弃在桌面或垃圾桶,以免污染环境和危害人体健康。

2. 氯仿

(1) 理化特性:氯仿学名三氯甲烷,是一种无色透明状液体,分子式为 $CHCl_3$,不溶于水,可溶于醇、醚、苯等。氯仿极易挥发,有特殊气味。氯仿对光敏感,遇光会与空气中的氧气作用,逐渐分解成有毒的光气(碳酰氯)和氯化氢。氯仿对人的中枢神经系统具有麻醉作用,对心、肝、肾有损害。氯仿可以有效地使有机相和无机相迅速分离,同时还可以抑制RNA酶的活性,因此,氯仿常用于核酸分子的提取。

(2) 安全操作规范:氯仿挥发性极强,需在通风橱中操作。操作者应经过专门培训,严格遵循操作规程，佩戴防毒面具、护目镜和防护手套。

(3) 储存：氯仿一般储存于阴凉、通风的环境，远离火源和热源。保持容器密闭，避免与碱类、铝混合存放。

(4) 废弃物处理：含有氯仿的废液应倒入指定容器中，不能随意丢弃，要交由专门机构回收。

3. N,N,N',N'-四甲基二乙胺(TEMED)

(1) 理化特性：TEMED是无色透明液体，分子式为$(CH_3)_2NCH_2CH_2N(CH_3)_2$，有微腥臭味。TEMED有神经毒性，易燃且有腐蚀性。在生物科学实验室里，TEMED常被用于配制SDS-PAGE胶等生物实验材料，TEMED可通过催化过硫酸铵形成自由基而促进丙烯酰胺与双丙烯酰胺的聚合。

(2) 安全操作规范：由于TEMED有挥发性且有微腥臭味，操作TEMED需在通风橱中进行。操作过程中需要穿戴实验服、一次性手套及口罩。

(3) 储存：由于TEMED有挥发性，用完TEMED之后应及时拧紧瓶盖，以防渗漏。一般将TEMED放置在低温避光环境中保存，并选用棕色瓶子储存，且远离火源。

(4) 废弃物处理：在配制SDS-PAGE胶过程中若发现漏胶现象，应及时处理，将含TEMED的漏液倒入指定容器中，待专门回收，不可直接倒入下水道。

4. 二甲亚砜(DMSO)

(1) 理化特性：DMSO是一种含硫有机化合物，分子式为C_2H_6OS，常温下为无色无臭的透明液体，是一种吸湿性的可燃液体，具有高极性、高沸点、热稳定性好、非质子、与水混溶的特性，能溶于乙醇、丙酮、苯和氯仿等大多数有机物，被誉为“万能溶剂”。DMSO也是一种渗透性保护剂，能够降低细胞冰点，减少冰晶的形成，减轻自由基对细胞损害，改变生物膜对电解质、药物、毒物和代谢产物的通透性。但DMSO存在一定的毒性作用，可与蛋白质疏水基团发生反应，导致蛋白质变性，具有血管毒性和肝肾毒性。

(2) 安全操作规范：在处理DMSO过程中，应当注意佩戴一些必要的个人防护装备，例如安全眼镜、防护手套、防化服等，并在通风橱中操作。此外，操作现场应当保持干净整洁，防止DMSO泄漏、飞溅。

(3) 储存：DMSO应采用铝桶、塑料桶或玻璃瓶包装，密封于阴凉通风干燥处避光保存。

(4) 废弃物处理：含DMSO的废液严禁随意倒入下水道，操作者应将其倒入指定有机废液桶(HDPE材质)中(图4.1.1)。废液桶应随时盖紧，并放于阴凉干燥处，由有废液处理资质的机构回收。

图4.1.1 废液桶(一般白色为有机废液桶，蓝色为无机废液桶)

4.1.3 强腐蚀性试剂

强腐蚀性试剂是指对人体皮肤、眼、消化道、呼吸道和物品等有极强腐蚀作用的化学试剂，例如，强酸、强碱及苯酚等。强酸包括浓硫酸、浓盐酸、浓硝酸等，强碱包括氢氧化钠、氢氧化钾等。若人体不慎接触这些物质，会导致皮肤烧伤、器官受损。

1. 浓硫酸

(1) 理化特性：浓硫酸是一种无色无味液体，分子式为 H_2SO_4，具有强腐蚀性、吸水性、脱水性和强氧化性等性质。浓硫酸可溶于水或醇类溶剂，溶于水时能放出大量的热。遇碱金属如钾、钠等极易引起燃烧、爆炸。浓硫酸在生命科学实验室里常用作氧化剂、玻璃器皿清洗剂等。

(2) 安全操作规范：在稀释浓硫酸时，必须戴上橡胶手套和护目镜，将浓硫酸沿着容器壁缓缓地倒入水中并不断搅拌，以避免被稀释过程中释放的热灼伤，同时防止酸液飞溅灼伤皮肤(图 4.1.2)。

(3) 储存：浓硫酸应严格按危险品储存规则存放于专用试剂柜中，与氧化剂、易燃物、有机物及金属粉末等严格分开存放。

(4) 废弃物处理：含浓硫酸的废液应放入指定废液存放容器中，由专门部门集中处理。

图 4.1.2 浓硫酸的安全操作规范

注：稀释浓硫酸时，只能把浓硫酸沿着容器壁缓缓地倒入水中并不断搅拌，不能将水直接倒入浓硫酸中。

2. 浓盐酸

(1) 理化特性：浓盐酸是无色透明液体，分子式为 HCl。浓盐酸具有浓烈的刺鼻气味，它能与水或乙醇以任意比例混合。浓盐酸呈强酸性，具有较强腐蚀性和挥发性。在生命科学实验室中常用稀释的盐酸调节溶液 pH。

(2) 安全操作规范：由于浓盐酸有强腐蚀性和强挥发性，因此，取用浓盐酸时应戴上护目镜、手套和口罩等，在通风橱中进行操作，避免吸入挥发出的 HCl。

(3) 储存：浓盐酸应严格按危险品储存规则存放于专用试剂柜中，与碱类、碱金属、易燃物等分开存放。

(4) 废弃物处理：含浓盐酸的废液需经中和、分解等处理后倒入指定废液存放容器中，由专门部门集中处理。

3. 苯酚

(1) 理化特性：苯酚又名石炭酸、羟基苯，是一种具有特殊气味的无色针状晶体，其分子式是 C_6H_5OH。苯酚的稀水溶液可直接用作防腐剂和消毒剂，也可用作溶剂和试剂，例如，在实验室中提取 DNA 时，加入低浓度苯酚使蛋白变性，加入高浓度苯酚使蛋白沉淀。

(2) 安全操作规范：苯酚对人的皮肤和黏膜有强烈的腐蚀作用，可抑制中枢神经或损害肝、肾功能，因此使用苯酚须在通风橱中操作，操作者须戴上自吸过滤式防尘口罩、戴防护手套和穿防护服。操作过程中苯酚溶液要轻装轻放，不能直接倒出使用(图 4.1.3)。

(3) 储存：苯酚应储存于通风干燥场所，且远离火源、热源。苯酚还应与氧化剂、酸类、碱类化学药品隔离堆放。包装要密封，防止吸潮变质。

(4) 废弃物处理：使用过的苯酚废液应放入指定废液存放容器中，由专门部门集中处理。

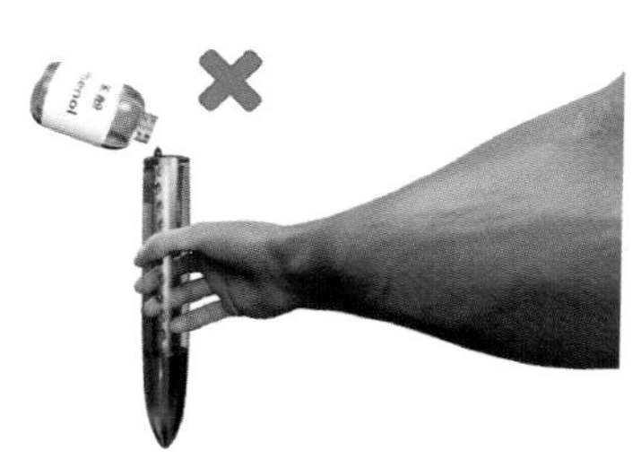

图 4.1.3 苯酚的安全操作规范

注：苯酚不能直接倒出使用，且操作时必须戴防护手套。

4. 氢氧化钠

(1) 理化特性：氢氧化钠又称烧碱、苛性钠，是白色易潮解固体，分子式为 NaOH。氢氧化钠溶于水时会释放出大量热，遇各种酸发生中和反应时也能产生大量热。氢氧化钠在生命科学实验室常作为气体的干燥剂，或用于调节溶液 pH、中和废液等。

(2) 安全操作规范：氢氧化钠具有极强腐蚀性，接触皮肤能破坏机体组织导致坏死。使用氢氧化钠可在通风橱中操作，应戴防护头罩、穿橡胶耐酸碱服和戴橡胶耐酸碱手套，且远离易燃、可燃物，避免与酸类接触。稀释或制备氢氧化钠溶液时，应把氢氧化钠缓慢加入水中，避免沸腾和液体飞溅。

(3) 储存：由于氢氧化钠极易溶于水且容易潮解，故氢氧化钠应严格密封存放在干燥通风的地方且远离可燃物、易燃物及酸类化学药品。

(4) 废弃物处理：高浓度氢氧化钠废液须经中和处理，确认安全后，方可倒入废液回收容器。

4.2 化学性质不稳定类试剂

化学性质不稳定类试剂是指那些在储存、运输或使用过程中，由于自身化学性质的活泼性或不稳定性，容易发生分解、氧化、还原、聚合等反应，导致性质改变、失效或产生有害物质的试剂。这类试剂的使用和管理需要特别小心，以防止意外事故的发生。

化学性质不稳定类试剂可分为易燃易爆类试剂和强氧化剂。

4.2.1 易燃易爆类试剂

一般将闪点(闪点是指在规定的实验条件下，使用某种点火源造成液体汽化而着火的最低温度)在25 ℃以下的化学试剂列入易燃试剂,它们极易挥发、遇明火即可燃烧。常见易燃易爆类试剂有醇类、醚类、胺类、苯类等,如甲醇、乙醇、乙醚、甲苯、丙酮等。还有一些固体试剂如金属钾、钠、锂、钙、氢化铝、电石等。

1. 甲醇

(1) 理化特性:甲醇是无色透明、具有刺激性气味的液体,分子式为CH_3OH。甲醇易挥发、极易燃,其蒸气与空气易形成爆炸性混合物。甲醇能与水和多种有机物混溶。在生命科学实验室甲醇常被用作溶剂、甲基化试剂等。

(2) 安全操作规范:甲醇有毒,人口服中毒最低剂量约为100 mg/kg体重,经口摄入0.3～1 g/kg可致死。由于甲醇具有强挥发性和易燃性,故使用甲醇时应在通风橱中进行操作,且操作时应戴上手套和口罩,并注意远离热源和明火。

(3) 储存:严禁将甲醇储存于冰箱,应存放在危化品试剂柜中且储存温度控制在30 ℃以下,并在试剂瓶上标注易燃易爆,禁止与氧化剂、酸类、碱金属等存放在一起。

(4) 废弃物处理:甲醇废液需存放于指定的废液桶中,定期交给相关部门进行回收,不得直接倒入下水道(图4.2.1)。

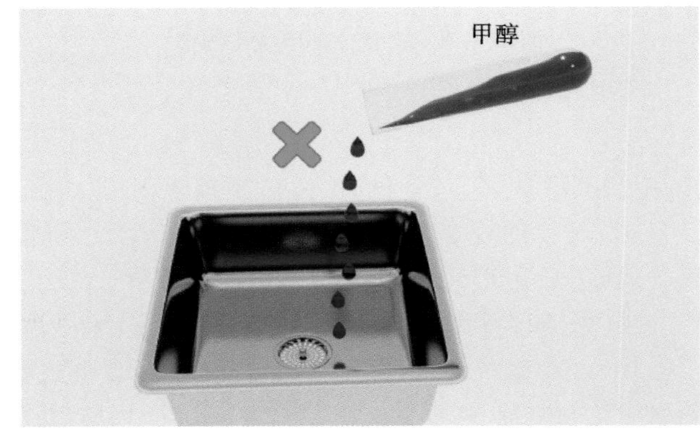

图4.2.1 甲醇废液处理规范

注:甲醇废液不能直接倒入下水道,需存放于指定的废液桶中,定期交给相关部门进行回收。

2. 乙醇

(1) 理化特性:乙醇是一种具有芳香气味的无色液体,分子式为C_2H_6O。乙醇易挥发、易燃烧,它能与水任意互溶,且能够溶解多种无机物和有机物。乙醇蒸气与空气混合易形成爆炸性混合物。乙醇是生命科学实验室中常用的试剂,可用来提取DNA等,75%乙醇常用于实验室消毒,高浓度的乙醇用作酒精灯燃料。

(2) 安全操作规范:由于乙醇具有易挥发、易燃的特性,使用过程中一定要注意远离火源、热源。使用酒精灯时应小心,避免喷过乙醇的部位近距离靠近酒精灯火焰。

(3) 储存:放在阴凉、干燥的地方,最好存放于易燃易爆药品专用化学试剂柜中(图4.2.2)。

(4) 废弃物处理:无须特殊处理。

3. 乙醚

(1) 理化特性:乙醚是无色透明液体,有芳香气味,分子式为$C_2H_5OC_2H_5$。乙醚微溶于水,易溶于三氯甲烷、乙醇、苯等有机溶剂。乙醚易挥发,遇高热、明火极易爆炸,其蒸气与空气混合容易形成爆炸物。在生命科学实验室中乙醚常用于有机萃取剂和实验动物麻醉等。

图 4.2.2 乙醇储存规范

注:乙醇应放置在易燃易爆药品专用化学试剂柜中,不能与强腐蚀性化学试剂混放。

(2) 安全操作规范:由于乙醚具有神经麻醉作用且易挥发,所以应避免乙醚与皮肤直接接触,操作时应戴相应的全身防护用品,操作环境周围应远离火源。

(3) 储存:乙醚应储存于阴凉通风的防爆试剂柜中,远离火源、热源和避免阳光直射,并且要求包装严密,切勿与空气接触,须与氧化物等试剂分开储存。

(4) 废弃物处理:乙醚废弃物应存放于指定的废液桶中,定期交给相关部门进行回收,不得直接倒入下水道。

4. 甲苯

(1) 理化特性:甲苯是一种无色透明液体,有类似苯的芳香气味,分子式为 C_7H_8。甲苯不溶于水,可混溶于乙醇、乙醚、丙酮、氯仿、二硫化碳和冰乙酸等。其蒸气和液体易燃,液体会累积电荷,蒸气比空气轻,会传播至远处,遇火源可能造成回火。其蒸气能与空气形成爆炸性混合物,爆炸极限为 1.2%~7.0%(体积)。

(2) 安全操作规范:由于甲苯具有挥发性和易燃性,故使用时应在通风橱中进行操作,且操作时应戴上手套和口罩,并注意远离热源和明火。

(3) 储存:甲苯应储存于阴凉、干燥、通风良好的专用试剂柜中,远离火源、热源,避免阳光直射,且保持容器包装密封。应与氧化剂、酸类、碱类分开存放,切忌混储。严禁将甲苯储存于常规冰箱中。

(4) 废弃物处理:甲苯废弃物应回收于专用有机废液桶中,且废液桶应留足够空间,装载量不能超过容器体积的 90%,定期交给相关部门进行回收。

5. 丙酮

(1) 理化特性:丙酮又名二甲基酮,为最简单的饱和酮,分子式为 C_3H_6O,是一种无色透明液体,有特殊的辛辣气味。易溶于水和甲醇、乙醇、乙醚、氯仿、吡啶等有机溶剂。极度易燃、易挥发、易制毒,化学性质较活泼,具有刺激性气味。其蒸气与空气可形成爆炸性混合物,遇明火、高热极易燃烧爆炸。与氧化剂能发生强烈反应。其蒸气比空气重,能在较低处扩散到相当远的地方,遇火源会着火回燃。若遇高热,容器内压增大,有开裂和爆炸的危险。

(2) 安全操作规范:丙酮是一种刺激性气味较重的有机溶剂,其蒸气可通过口鼻、皮肤等途径进入人体,对呼吸系统、神经系统、皮肤、眼睛等造成较大的刺激和损害。因此,应在通风橱中操作,操作者应戴口罩和一次性手套,并且远离火源、热源。

(3) 储存:丙酮应储存于阴凉、通风的专用试剂柜中,保持容器密封,应与氧化剂、酸类、碱金属、胺类等分开存放,切忌混储。

(4) 废弃物处理:丙酮废弃物需存放于指定的废液桶中,定期交给相关部门进行回收,不得直接倒入下水道。

6. 金属钠

(1) 理化特性:金属钠是一种银白色软质金属,可以用刀较容易地切开。切开外皮后,可以看到钠具有银白色的金属光泽。遇湿易燃、易制爆,在氧、氯、氟、溴蒸气中会燃烧,燃烧时呈黄色火焰。燃烧产生的烟(主要含氧化钠)对上呼吸道有腐蚀作用及极强的刺激作用。遇水或潮气猛烈反应放出氢气,大量放热,引起燃烧或爆炸。暴露在空气或氧气中能自行燃烧并爆炸而使熔融物飞溅。与卤素、磷、许多氧化物、氧化剂和酸类反应剧烈。

(2) 安全操作规范:使用金属钠时应正确佩戴防护用品,如戴一次性手套、口罩、护目镜等,穿防护服;应在干燥的通风橱处理,并远离任何水槽或其他水源;切割金属钠的裁纸刀或剪刀应在使用前清洁、干燥,保证无水。

(3) 储存:金属钠性质活泼,能与空气中的水、氧气等发生反应而变质,应隔绝空气密封保存。可保存在惰性液体(如矿物油、二甲苯、甲苯)中,存放在专用试剂柜,并且远离水源、火源。储存容器密闭。

(4) 废弃物处理:将废弃金属钠切成小块,分次加入无水酒精或异丙醇中,待其溶解至澄清,用稀 HCl 中和后倒入专用的废液桶中,交给相关部门进行回收。

4.2.2 强氧化剂

强氧化剂是指具有强氧化性的试剂,在适当条件下可放出氧气而发生爆炸。强氧化剂包括过氧化物或含有强氧化能力的含氧酸及其盐。强氧化剂一般具有腐蚀性。高锰酸盐、无机过氧化物、有机过氧化物、氯酸盐、高氯酸盐、硝酸盐等都属于常见的强氧化剂。

1. 高锰酸钾

(1) 理化特性:高锰酸钾是黑紫色、细长的菱形结晶或颗粒,带蓝色的金属光泽,分子式为 $KMnO_4$。高锰酸钾可溶于水、碱液,微溶于甲醇、丙酮、硫酸。高锰酸钾与某些有机物或还原剂接触,易发生爆炸,例如,高锰酸钾与乙醇、乙醚、硫黄、磷、硫酸、过氧化氢等接触会发生爆炸。在生命科学实验室中高锰酸钾常用做强氧化剂。

(2) 安全操作规范:在使用高锰酸钾时要注意戴上手套和护目镜,操作环境加强通风,温度不能超过 30 ℃,且远离火源和热源。

(3) 储存:高锰酸钾是强氧化剂,在某些条件下可以放出氧,有发生爆炸的危险。注意和还原性以及易燃易爆类物质分开存放在专柜中,且须有强氧化性标志。

(4) 废弃物处理:高浓度高锰酸钾具有一定的腐蚀性,需稀释到低浓度后按一般化学试剂废液处理。

2. 过氧化氢

(1) 理化特性:过氧化氢是无色透明液体,分子式为 H_2O_2。过氧化氢可溶于水、醇、乙醚,不溶于苯、石油醚。过氧化氢含量为 60%~100%时属于爆炸品,40%~60%时属于一级氧化剂,市售工业品含量为 27.5%及 35%,医药用含量为 3%。

(2) 安全操作规范:过氧化氢具有强腐蚀性。操作过氧化氢时需要穿工作服和戴防腐防护手套。

(3) 储存:过氧化氢储存在阴凉、通风的试剂柜中,远离火源、热源,避免阳光直晒,温度不超过 30 ℃。过氧化氢既具有氧化性，也具有还原性，与强氧化剂如高锰酸钾能发生剧烈的氧化还原反应，与丙酮、甲酸、羧酸、乙二醇能引起爆炸。过氧化氢与各种强氧化剂、易燃液体、易燃物应隔离存放（图 4.2.3）。

（4）废弃物处理：过氧化氢的废液应经稀释处理之后倒入指定的废液桶中，定期交给相关部门进行回收。

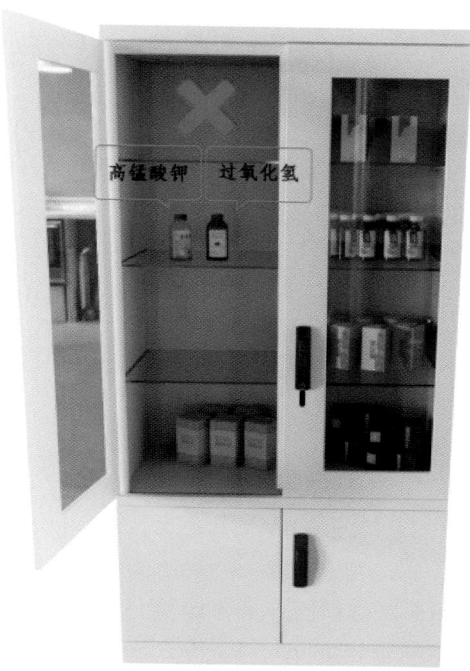

图 4.2.3 过氧化氢储存规范

注：过氧化氢不能与强氧化剂存放在一起。

4.3 动物麻醉药品

动物麻醉药品是指用于实验动物，使其中枢和（或）周围神经系统的可逆性功能受到抑制，从而使动物的全身或局部感觉尤其是痛觉暂时消失的药物。这些药品可以根据其物理状态和给药方式进行分类。

挥发性麻醉剂：以气体或挥发性液体的形式存在，通过呼吸道吸入而产生麻醉效果，如乙醚、异氟烷、七氟烷和地氟烷等。

非挥发性麻醉剂：通常是液体或固体，通过注射（如静脉注射、腹腔注射、肌内注射或皮下注射）给药，如苯巴比妥钠、硫喷妥钠、氨基甲酸乙酯（乌拉坦）、戊巴比妥钠等。

局部麻醉药：用于局部麻醉，如手术部位的浸润麻醉或神经阻滞。常用的局部麻醉药有普鲁卡因、利多卡因等。

麻醉药品的选择取决于实验的类型、动物的种类和大小、预期的麻醉深度和持续时间，以及对动物福利的考虑。正确使用麻醉药品需要严格遵守操作规程和剂量指南，以确保动物的安全和福利,并减少对实验结果的影响。

1. 购买 根据相关规定,动物麻醉药品的购买要通过违禁药品专门购买途径且按照相关规定购买。麻醉药品入库必须货到即验,至少双人开箱验收,入库验收要有相关详细记录。

2. 安全操作规范 使用动物麻醉药品要进行登记,操作者要经过专门的培训,培训合格者方可使用,严格遵守操作规程,使用后要进行登记,且使用管制药品全程要在有监控拍摄到的地方。全程在通风橱中操作,做好密闭,局部通风。建议操作者佩戴自吸过滤式防尘口罩,戴化学安全防护眼镜,穿连体式胶布防毒衣,戴橡胶手套。可能接触其粉尘时,必须佩戴头罩型电动送风过滤式防尘呼吸器。

3. 储存 动物麻醉药品的存放要设立专库或者专柜,专库和专柜要设置防盗设施和监控设备,远离火源、热源,避免光照,并且实行双人双锁管理。动物麻醉品要和易制毒、易制爆、剧毒品分类存放,不可混放,不可任意堆放,不宜大量储存或久存,并在柜门上贴上相应的标识。

4. 废弃物处理 废弃的动物麻醉药品不可随意倒入下水道或者垃圾桶,须由实验室专门管理员负责计数、监管、按相关规定销毁,并做好相关记录。集中储存于阴凉、干燥、通风的地方,等待专门机构统一回收处理。

4.4 生物化学试剂不规范使用案例

1. 事故一

(1) 事故介绍:2011年10月,某大学化工学院实验楼突发火灾,现场火势凶猛,浓烟滚滚,过火面积约500平方米。当地消防部门调集6个中队,13台消防车,80名消防官兵赶赴现场,经过2小时的努力才将大火扑灭。

(2) 事故原因分析:公安消防部门认为该校对实验用化学药品管理不善,未将遇水自燃的金属钠、三氯氧磷等危险化学品放置于符合安全条件的储存场所是导致起火的主要原因。

2. 事故二

(1) 事故介绍:2016年1月,某大学一化学实验室突然起火,并伴有刺鼻气味的黑烟冒出。

(2) 事故原因分析:据公安消防部门初步调查,实验室内冰箱中存放了化学试剂,冰箱因电路老化自燃,引燃化学试剂,发生严重火灾。

3. 事故三

(1) 事故介绍:2016年9月,某大学化学与生物工程学院一实验室发生爆炸事故,两名学生受重伤,一名学生受轻伤。事故原因为一位研究生在向另外两位同学示范如何向装有浓硫酸的锥形瓶内添加高锰酸钾时,突然发生爆炸。

(2) 事故原因分析:浓硫酸和高锰酸钾均属于危险化学品,该实验高度危险。事发时,三人均未佩戴护目镜,实验操作时也没有在通风橱内拉下安全门,导师、安全管理人员等均不在实验室内。

4. 事故四

(1) 事故介绍:2018年12月,某大学市政与环境工程实验室发生爆炸燃烧,事故造成3人死亡。学生在使用搅拌机对镁粉和磷酸进行搅拌过程中,料斗内产生的氢气被搅拌机转轴处金属摩擦、碰撞产生的火花点燃爆炸,继而引发镁粉粉尘云爆炸,爆炸引起周边镁粉和其他可燃物燃烧。

（2）事故原因分析：事故调查组认定，该大学有关人员违规开展试验、冒险作业；违规购买、违法储存危险化学品；对实验室和科研项目安全管理不到位。

5. 事故五

（1）事故介绍：2021 年 7 月，某大学一实验室在清理此前毕业生遗留在烧瓶内的未知白色固体，一名博士生用水冲洗时烧瓶发生炸裂，炸裂产生的玻璃碎片刺破该生手臂动脉血管。

（2）事故原因分析：学生擅自处置不明化学试剂，安全意识不够；毕业生遗留的化学品并未标记清楚，试剂管理流程上存在疏忽。

本章习题

正误判断题

1. 如果实验需要，实验人员可自行购买剧毒试剂。（　　）
2. 实验室任何人员均都可操作剧毒试剂。（　　）
3. 剧毒试剂的所有使用人员均须取得使用资格证。（　　）
4. 操作剧毒试剂时必须按规定佩戴防护用具，并且确认防护用品和采取的安全措施与实验内容的安全等级完全匹配。（　　）
5. 剧毒试剂的使用过程中，如操作者临时有急事，中途可以短暂离开。（　　）
6. 剧毒试剂的废弃物必须严格回收到指定的容器内，由专门的负责人进行处理。（　　）
7. 配制和使用溴化乙锭时应戴口罩和手套，避免手直接接触。（　　）
8. 溴化乙锭只要存储在通风干燥的地方就可以。（　　）
9. 由于溴化乙锭具有强致癌性，需严格按有毒试剂管理要求储存。（　　）
10. 氯仿极易挥发，有特殊气味，且其对人的中枢神经系统具有麻醉作用。（　　）
11. 使用氯仿时无须在通风橱中操作。（　　）
12. 由于氯仿具有挥发性和有毒，使用氯仿时必须在通风橱中操作。（　　）
13. 在配制 SDS-PAGE 胶过程中若发现漏胶现象，应及时处理，将含 TEMED 的漏液倒入指定容器中，待专门回收，不可直接倒入下水道。（　　）
14. 由于 TEMED 具有挥发性且有微腥臭味，使用时必须在通风橱中操作。（　　）
15. TEMED 可装在普通试剂瓶中保存。（　　）
16. 在稀释浓硫酸时，可以把浓硫酸沿着容器壁缓缓地倒入水中并不断搅拌。（　　）
17. 在稀释浓硫酸时，可将大量水直接倒入少量浓硫酸中并不断搅拌。（　　）
18. 浓硫酸可溶于水或醇类溶剂，溶于水时能放出大量的热。（　　）
19. 取用浓盐酸时需在通风橱中操作。（　　）
20. 在取用少量浓硫酸或浓盐酸时，可不戴口罩和手套快速操作。（　　）
21. 苯酚溶液在操作过程中可直接倒出使用。（　　）
22. 使用苯酚须在通风橱中操作，操作者须戴上自吸过滤式防尘口罩、戴防护手套和穿防护服。（　　）
23. 苯酚应储存于通风干燥场所，且远离火源、热源。同时应与氧化剂、酸类、碱类化学药品隔离堆放。（　　）
24. 含有苯酚的废液可直接倒入水槽中。（　　）
25. 稀释或制备氢氧化钠溶液时，应把氢氧化钠缓慢加入水中，避免沸腾和液体飞溅。（　　）

26. 氢氧化钠应严格密封存放在干燥通风的地方且远离可燃物、易燃物及酸类化学药品。(　　)

27. 甲醇可储存于冰箱中。(　　)

28. 由于甲醇具有强挥发性和易燃性,故使用甲醇时应在通风橱中进行操作,且操作时应戴上手套和口罩,并注意远离热源和明火。(　　)

29. 使用酒精灯时,喷过酒精的部位可近距离靠近酒精灯火焰。(　　)

30. 乙醇应放置在易燃易爆药品专用化学试剂柜中,不能与强腐蚀性化学试剂混放。(　　)

31. 由于乙醚具有神经麻醉作用且易挥发,所以避免乙醚与皮肤直接接触,操作时应戴相应的全身防护用品,操作环境周围应远离火源。(　　)

32. 乙醚废弃物可直接倒入下水道。(　　)

33. 高锰酸钾可与乙醇放在同一个生化试剂储存柜中。(　　)

34. 高浓度高锰酸钾具有一定的腐蚀性,须稀释到低浓度后按一般化学试剂废液处理。(　　)

35. 过氧化氢储存在阴凉、通风的试剂柜中,远离火源、热源,避免阳光直晒。(　　)

36. 过氧化氢可与高锰酸钾一起存放。(　　)

37. 动物麻醉药品的购买要通过违禁药品专门购买途径并按照相关规定购买。(　　)

38. 只要实验需要,任何实验人员均可使用动物麻醉药品。(　　)

39. 废弃的动物麻醉药品须由实验室专门管理员负责计数、监管、按相关规定销毁,并做好相关记录。(　　)

40. 实验过程中,若酸液不慎滴在皮肤上,应该赶快用酒精棉球擦拭。(　　)

41. 有毒化学试剂是指以较小剂量进入人体而导致疾病或死亡的有毒物质。(　　)

42. 有毒有害试剂是指在使用或处置的过程中会对人、其他生物或环境带来潜在危害的生物化学试剂。(　　)

43. 实验室常用溶剂应按药品类别进行分类存放。(　　)

44. 从试剂瓶中取出的药品,如果取出过多,要秉持不浪费的原则,再放回原试剂瓶中。(　　)

45. 易燃易爆类化学试剂是指闪点在25 ℃以下的极易挥发的液体、遇明火即可燃烧的物品。(　　)

46. 如果配制含有TEMED的凝胶时发生漏胶现象,为了重新配制凝胶,可将尚未凝固的溶液迅速倒入下水道中冲走。(　　)

47. 强氧化剂和强还原剂药品可以存放在一起。(　　)

48. 易燃易爆类的化学药品可以用明火进行加热。(　　)

49. 当强碱溶液溅出时,可先用水稀释后再处理。(　　)

50. 当强碱溶液溅出时,应先用酸进行中和处理。(　　)

51. 打开装有液体化学药品的塑料瓶时不要用力挤压,以免导致液体飞溅到身上。(　　)

52. 久藏的乙醚在使用前应除去其中的过氧化物。(　　)

53. 固体废弃物回收存放在指定容器中,水溶性废弃物一般直接倒入水槽。(　　)

54. 具有挥发性的有机溶剂可以放入普通冰箱保存。(　　)

55. 有机溶剂、固体化学药品和酸、碱化合物可存放在同一药品柜中。(　　)
56. 丙酮、乙醇都有较强的挥发性和易燃性,两者都不能在有明火的地方使用。(　　)
57. 甲苯具有挥发性和易燃性,取用甲苯时必须戴手套和一次性口罩。(　　)
58. 含有机溶剂的废液入废液桶,装载量不能超过容器容积的90%。(　　)
59. 可以在水池旁取用金属钠。(　　)
60. 用干燥的小刀切去金属钠表面的氧化层以后,可以直接丢进垃圾桶。(　　)

本章习题答案

1. (×)	2. (×)	3. (√)	4. (√)	5. (×)	6. (√)	7. (√)
8. (×)	9. (√)	10. (√)	11. (×)	12. (√)	13. (√)	14. (√)
15. (×)	16. (√)	17. (×)	18. (√)	19. (√)	20. (×)	21. (×)
22. (√)	23. (√)	24. (×)	25. (√)	26. (√)	27. (×)	28. (√)
29. (×)	30. (√)	31. (√)	32. (×)	33. (×)	34. (√)	35. (√)
36. (×)	37. (√)	38. (×)	39. (√)	40. (×)	41. (√)	42. (√)
43. (√)	44. (×)	45. (√)	46. (×)	47. (×)	48. (×)	49. (×)
50. (√)	51. (√)	52. (√)	53. (×)	54. (×)	55. (×)	56. (√)
57. (√)	58. (√)	59. (×)	60. (×)			

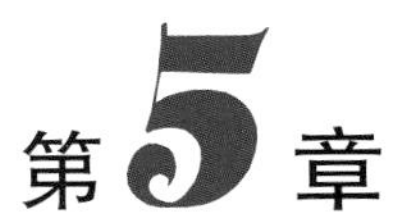

第5章 实验室安全事故预防与应急处理

扫码看课件

生命科学实验室作为科学研究和教育的重要场所，其日常运作涉及众多复杂而精细的实验操作，这些操作往往伴随着潜在的安全风险。因此，实验室安全事故的预防与应急处理，不仅是保障实验人员人身安全的必要措施，也是确保实验室正常运转和科研数据准确性的重要保障。

本章将详细阐述实验室常见安全事故，如火灾事故、爆炸事故、中毒事故、灼伤事故、仪器设备伤人事故、触电事故、辐射事故等的预防与应急处理等。

5.1 火灾事故

5.1.1 生命科学实验室发生火灾事故的主要原因

(1) 忘记关电源，致使仪器设备或用电器具通电时间过长，温度过高，引起着火。

(2) 电源线路老化、超负荷运行，导致线路发热，引起着火。

(3) 对易燃易爆类仪器设备(如烘箱、高压钢瓶等)操作不当，引起火灾。

(4) 对易燃易爆类物品(闪点在45 ℃以下的称为易燃液体，如表5.1.1中所示的为易燃有机液体)操作不慎或保管不当，使火源接触易燃物质，引起着火。

(5) 一些火源未做规范处理，接触易燃物质，引起着火。

表5.1.1 常见易燃有机液体的性质

名　称	沸点/℃	闪点/℃	自燃点/℃
石油醚	30～60,60～90,90～120	−45	240
乙醚	34.5	−40	180
丙酮	56	−17	538
甲醇	65	10	430
无水酒精	78	12	400
苯	80	−11	580
甲苯	111	4.5	550
乙酸	118	43	425
二硫化碳	46	−30	100

5.1.2 火灾事故预防措施

(1) 加强实验室人员消防安全教育及开展消防模拟演练。

(2) 实验室要严格管理烟火，加强电气管理，定期对实验系统、用电线路和供电线路进行检查。

(3) 电气装置必须符合现行的与爆炸性气体环境用电气设备相关的国家标准和《建筑电气工程施工质量验收规范》(GB 50303—2015)。

(4) 易燃易爆试剂分类、分组存放，专柜限量储存，专人保管。存储区与明火、可能产生火花的设备、变电箱等保留大于 15 米的防火间距。且在实验操作这些易燃易爆试剂时要远离火源、热源。

(5) 使用氧气钢瓶时，不得让氧气大量逸入室内。在含氧量约 25%的空气中，物质燃烧所需的温度要比在空气中低得多，且燃烧剧烈，不易扑灭。

(6) 严禁在开口容器或密闭体系中用明火加热有机溶剂。当用明火加热易燃有机溶剂时，必须要有蒸气冷凝装置或合适的尾气排放装置。

(7) 不得在烘箱内存放、干燥、烘烤有机化学试剂。

(8) 燃着的或阴燃的火柴梗不得乱丢，应放在表面皿中，实验结束确认火柴梗熄灭后再投入废物缸。

5.1.3 火灾事故应急处理

预防火灾事故的发生非常重要。如果事故已经发生，需要进行应急处置。只要掌握必要的消防知识，一般可以迅速灭火。

生命科学实验室发生火灾事故时一般不用水灭火！这是因为水能和一些药品(如钠)发生剧烈反应，用水灭火时会引起更大的火灾甚至爆炸，并且大多数有机溶剂不溶于水且比水轻，用水灭火时有机溶剂会浮在水上面，反而扩大火场。

(1) 实验室必备的几种灭火器材。

①沙箱：通常由耐火材料制成，如陶瓷、耐火混凝土或特殊的耐火金属，内部填充有细沙，以便在发生火灾时迅速扑灭火焰。灭火时，将细沙撒在着火处。干沙对扑灭金属起火特别安全有效。平时应经常保持沙箱干燥，切勿将火柴梗、玻管、纸屑等杂物随手丢入其中。

②灭火毯：也称为消防毯或阻燃毯，是一种用于扑灭初期火灾的简单而有效的工具。它通常由阻燃材料制成，如玻璃纤维、陶瓷纤维、耐火棉或其他耐高温材料，能够阻挡火焰和热量，切断火源与氧气的接触，从而达到灭火的目的。沙子和灭火毯经常用来扑灭局部小火，必须妥善安放在固定位置，不得随意挪作他用，使用后必须归还原处。

③二氧化碳(CO_2)灭火器：实验室最常使用，也是最安全的灭火器。其钢瓶内储有 CO_2 气体，特别适用于油脂和电器起火，但不能用于扑灭金属着火，因部分金属可能与 CO_2 发生剧烈化学反应，产生更多的热量和火焰。CO_2 无毒害。

④泡沫灭火器：由 $NaHCO_3$ 与 $Al_2(SO_4)_3$ 溶液作用产生 $Al(OH)_3$ 泡沫和 CO_2，灭火时泡沫把燃烧物质包住，使其与空气隔绝而灭火。因泡沫能导电，不能用于扑灭电器着火；且灭火后的污染严重，使火场清理工作麻烦，故一般非大火时不用它。

图 5.1.1 干粉灭火器示意图

⑤干粉灭火器(图 5.1.1):其内充装的是磷酸铵盐干粉灭火剂。主要用于扑救石油、有机溶剂等易燃液体、可燃气体和电气设备的初期火灾。

(2) 一旦发生火灾事故,应迅速采取以下措施。

①立即熄灭附近所有火源,切断电源,移开易燃易爆物品,并视火势大小,采取不同的扑灭方法,防止火势蔓延。

②对在容器中(如烧杯、烧瓶、热水漏斗等)发生的局部小火,可用石棉网、表面皿等盖灭。

③有机溶剂在桌面或地面上蔓延燃烧时,不得用水冲,可撒上细沙或用灭火毯扑灭。

④对钠、钾等金属着火,通常用干燥的细沙覆盖。严禁用水和四氯化碳灭火器,否则会导致猛烈爆炸,也不能用二氧化碳灭火器。

⑤电器设备导线等着火时,不能直接用水及二氧化碳灭火器和泡沫灭火器灭火,以免触电。应先切断电源,再用二氧化碳灭火器或四氯化碳灭火器灭火。

⑥若衣服着火,切勿慌张奔跑,以免风助火势。最好立即脱去化纤织物。一般小火可用抹布、灭火毯等包裹使火熄灭。若火势较大,可就近使用水龙头浇灭。必要时可就地卧倒打滚以防止火焰烧向头部,同时身体在地上压住着火处,使其熄灭。

⑦在反应过程中,若因冲料、渗漏、油浴着火等引起反应体系着火,情况比较危险,处理不当会加重火势。扑救时必须谨防冷水溅在着火处的玻璃仪器上,且必须谨防灭火器材击破玻璃仪器,造成严重的泄漏而扩大火势。有效的扑灭方法是用几层灭火毯包住着火部位,隔绝空气使其熄灭,必要时在灭火毯上撒些细沙。若仍不奏效,必须使用灭火器,由火场的周围逐渐向中心处扑灭。

⑧发生火灾时应注意保护现场。对于较大的着火事故应立即报警。若有伤势较重者,应立即送医院救治。

5.2 爆炸事故

5.2.1 生命科学实验室发生爆炸事故的主要原因

(1) 违反操作规程使用设备、压力容器等导致爆炸。

(2) 随意混合化学药品。氧化剂和还原剂的混合物反应过于激烈而失去控制或在受热、摩擦或撞击时发生爆炸。

(3) 在密闭体系中进行蒸馏、回流等加热操作导致爆炸。

(4) 在加压或减压实验中使用不耐压的玻璃仪器发生爆炸。

(5) 易燃易爆气体如氢气、乙炔、煤气和有机蒸气等大量逸入空气,引起爆燃。

(6) 一些本身容易爆炸的化合物,如硝酸盐类、硝酸酯类、芳香族多硝基化合物、乙炔及其重金属盐、有机过氧化物(如过氧乙醚和过氧酸)等,受热或被敲击时会爆炸。强氧化剂与一些有机化合物接触,如酒精和浓硝酸混合时会发生猛烈的爆炸反应。

(7) 在使用和制备易燃易爆气体时,如氢气、乙炔等,没有在通风橱内进行,或在其附近点火引起爆炸。

(8) 搬运钢瓶时不使用钢瓶车,而让气体钢瓶在地上滚动,或撞击钢瓶表头,随意调换表头,或气体钢瓶减压阀失灵等导致爆炸。

(9) 设备老化,存在故障或缺陷,造成易燃易爆物品泄漏,遇火花而引起爆炸。

(10) 由火灾事故发生引起仪器设备、药品等的爆炸。

5.2.2 爆炸事故的预防措施

(1) 凡是有爆炸危险的实验,必须遵守实验教材中的指导规范操作,并应安排在专门防爆设施(或通风橱)中进行。

(2) 处理易燃易爆溶剂时应远离火源。高压实验必须在远离人群的实验室中进行。在做加压、减压实验时,应使用防护屏或防爆面罩。

(3) 禁止随意混合各种化学药品,例如,混合高锰酸钾和甘油。

(4) 在点燃氢气(H_2)、一氧化碳(CO)等易燃气体之前,必须先检验气体纯度,防止爆炸。银氨溶液不能留存,因银氨溶液久置后将变成叠氮化银(AgN_3)沉淀,易爆炸。某些强氧化剂(如氯酸钾、硝酸钾、高锰酸钾等)或其混合物不能研磨,否则会发生爆炸。

(5) 钾、钠应保存在煤油中,磷可保存在水中,取用时用镊子。一些易燃的有机溶剂,要远离明火,用后立即盖好瓶塞。

(6) 实验前应仔细检查仪器装置是否正确、稳妥与完好。

(7) 不得让气体钢瓶在地上滚动,不得撞击钢瓶表头,更不得随意调换表头。搬运钢瓶时应使用钢瓶车。

(8) 在使用和制备易燃易爆气体时,如氢气、乙炔等,必须在通风橱内进行,并不得在其附近点火。

(9) 实验室内禁止存放大量易燃易爆物品。

5.2.3 爆炸事故的应急处理

(1) 首先立即将受伤人员撤离现场,拨打 120 呼叫救护车(图 5.2.1),送往医院急救。

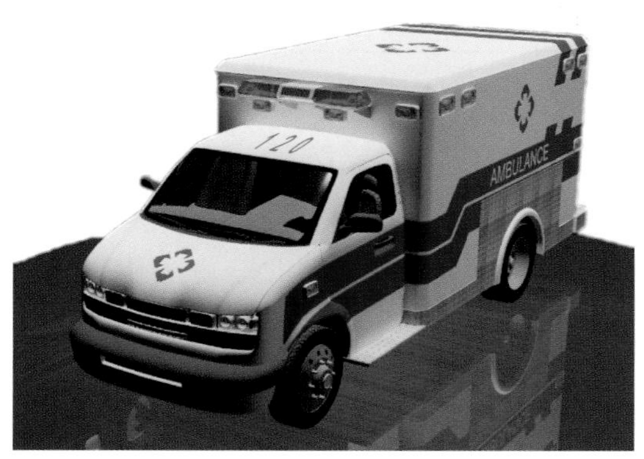

图 5.2.1 120 救护车示意图

(2)同时立即切断电源,关闭煤气和水龙头等。

(3)如已引发了其他事故,则按相应办法处理。

5.3 中毒事故

5.3.1 生命科学实验室发生中毒事故的主要原因

(1)将食物带进有毒物的实验室,造成误食中毒。

(2)设备、设施老化,存在故障或缺陷,造成有毒物质泄漏或有毒气体排放不出,导致中毒。

(3)管理不规范、操作不慎或违规操作,造成有毒物品散落流失,引起人员中毒、环境污染。

(4)实验后有毒物质处理不当、废水排放管路受阻或失修改道,引起人员中毒、环境污染。

5.3.2 中毒事故的预防措施

(1)严禁携带食物进入实验室。

(2)定期检查有安全隐患的设备、设施,保障设备、设施的安全和正常运行。

(3)在实验室里进行某些有潜在危险的实验操作时应该佩戴护目镜,防止眼睛受刺激性气体熏染,防止任何化学药品特别是强酸、强碱、玻璃屑等异物进入眼内。

(4)禁止用手直接取用任何化学药品,使用有毒的化学试剂时除用药匙、量器外必须佩戴橡皮手套,实验后马上清洗仪器用具,且立即用肥皂洗手。

(5)避免吸入任何药品和溶剂蒸气。处理具有刺激性的、恶臭的和有毒的化学药品时,必须在通风橱中进行。

(6)严禁在酸性介质中使用氰化物。

(7)禁止口吸移液管移取浓酸、浓碱、有毒液体,禁止冒险品尝药品试剂,不得用鼻子直接嗅气体,而是用手向鼻孔扇入少量气体。

(8)不要用酒精等有机溶剂擦洗溅在皮肤上的药品,这种做法会增加皮肤对药品的吸收。

(9)严格管理有毒化学品的储存和废弃物处理。

(10)定期检查废水排放管道。

5.3.3 中毒事故的应急处理

(1)中毒事故应急处理的一般原则。

①呼吸系统中毒:应使中毒者尽快撤离现场,转移到通风良好的地方,呼吸新鲜空气。中毒轻者会较快恢复正常。若发生休克昏迷,可给中毒者吸入氧气及给予人工呼吸,并迅速送往医院救治。

②消化道中毒:应立即洗胃。常用的洗胃液有食盐水、肥皂水、3%~5% $NaHCO_3$ 溶液,边洗边催吐,洗到基本没有毒物后服用生鸡蛋清、牛奶、面汤等解毒剂。

③经皮肤吸收毒物或腐蚀造成皮肤灼伤:应立即脱去受污染的衣物,用大量清水冲洗,也可用微温水冲洗,禁用热水。严重者送医院救治。

(2)常见中毒急救措施。

①固体或液体毒物中毒者:尚在嘴里的有毒物质须立即使其吐掉,并用大量水漱口。误食

碱者，先饮大量水再喝些牛奶。误食酸者，先喝水，再服 $Mg(OH)_2$ 乳剂，最后喝少量牛奶。不要用催吐药，也不要服用碳酸盐或碳酸氢盐。严重者送医院救治。

②重金属盐中毒者：喝一杯含有几克 $MgSO_4$ 水溶液，立即就医。不要服催吐药，以免引起危险或使病情复杂化。严重者送医院救治。

③砷和汞化物中毒者：必须紧急送医院救治。

5.4 灼伤事故

5.4.1 生命科学实验室发生灼伤事故的主要原因

(1) 操作强腐蚀性物质、强氧化剂、强还原剂，如浓酸、浓碱、氢氟酸、钠、溴等时不小心接触到皮肤引起皮肤灼伤。

(2) 操作强酸或强碱化学物时不小心溅入眼中引起眼睛灼伤。

5.4.2 灼伤事故的预防措施

(1) 严格按照操作规范操作强腐蚀性物质、强氧化剂、强还原剂等危险化学品。

(2) 操作强酸、强碱等危险化学品时做好防护措施。

5.4.3 灼伤事故的应急处理

(1) 皮肤灼伤的应急处理措施。

①酸灼伤。

a. 硫酸灼伤后应立即用纸或布轻沾去残留酸，切忌擦破皮肤，然后用大量水冲洗。

b. 盐酸、硝酸灼伤后可立即用水冲洗，冲洗后，可用 5% $NaHCO_3$ 溶液或氧化镁、肥皂水等中和残留在皮肤上的氢离子，中和后仍继续用水冲洗。

c. 氢氟酸能腐烂指甲、骨头，如果滴在皮肤上，会形成难以治愈的烧伤。皮肤若被其灼烧，应先用大量水冲洗 30 分钟以上，再用冰冷的饱和硫酸镁溶液或 70% 酒精浸洗 30 分钟以上。或先用大量水冲洗后，用肥皂水或 2%～5% $NaHCO_3$ 溶液冲洗，用 5% $NaHCO_3$ 溶液湿敷。局部外用可的松软膏或紫草软膏及硫酸镁糊剂。

②碱灼伤：皮肤如果被碱灼伤，要立即用大量流动清水冲洗，再用 2% 醋酸冲洗或 3% 硼酸溶液进一步冲洗，然后用水冲洗，最后涂上凡士林。

③酚灼伤：用 30% 酒精揩洗数遍，再用大量清水冲洗干净，然后用硫酸钠饱和溶液湿敷 4～6 小时。由于酚用水冲淡至 1∶1 或 2∶1 浓度时，瞬间可使皮肤损伤加重而增加酚吸收，因此不可先用水冲洗污染面。

④溴灼伤：立即用大量水冲洗，然后用酒精擦至灼伤处呈白色，涂上甘油或烫伤膏。

若创面起水疱，不宜把水疱挑破。重伤者经初步处理后，需送医院救治。

(2) 眼睛灼伤的应急处理措施。

①化学试剂溅入眼内，任何情况下都要先立即使用洗眼器(图 5.4.1)洗涤或用大量水彻底冲洗，然后必须迅速送往医院检查治疗。洗涤方法：立即睁大眼睛，用流动清水反复冲洗，边冲洗边转动眼球，但冲洗时水流不宜正对角膜方向。冲洗时间一般不得少于 15 分钟。

②若无冲洗设备或无他人协助冲洗，可将头浸入脸盆或水桶中，睁大眼睛浸泡十几分钟，

同样可达到冲洗的目的。注意,若双眼同时受伤,必须同时冲洗。

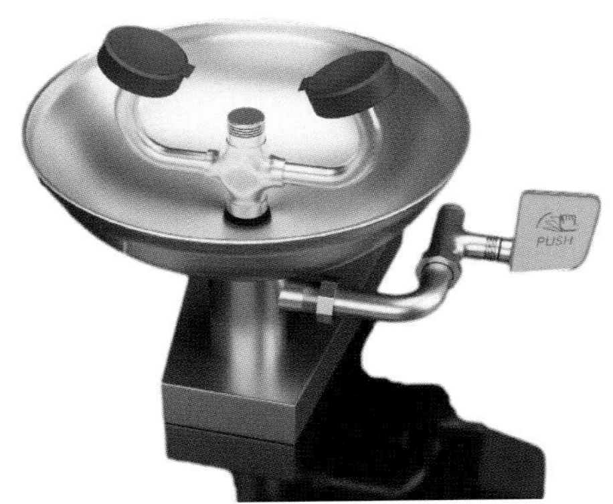

图5.4.1 实验室洗眼器示意图

5.5 仪器设备伤人事故

5.5.1 生命科学实验室仪器设备伤人事故的主要原因

(1) 仪器操作不当或缺少防护,造成挤压、甩脱和碰撞伤人。

(2) 违反操作规程或因仪器设备老化而存在故障和缺陷,造成漏电和电弧伤人。

(3) 操作不当而致高温气体、液体对人造成伤害。

5.5.2 仪器设备伤人事故的预防措施

(1) 仪器设备不能超负荷运行。

(2) 定期检查仪器设备,保障仪器设备安全。

(3) 严格按照仪器设备操作规程进行操作。

(4) 操作有危险隐患的仪器设备时做好防护。

(5) 操作特种仪器设备前必须接受专业培训,并且获得操作资格证。

5.5.3 仪器设备伤人事故的应急处理

(1) 迅速关闭出故障的仪器设备。

(2) 对受伤人员进行检查和救治,严重的送医院救治。

(3) 情况严重的报告上级安全负责部门。

5.6 触电事故

5.6.1 生命科学实验室触电事故的主要原因

(1) 实验设备电线老化破损引起漏电而导致触电事故。

（2）仪器插座接口破损引起漏电而导致触电事故。

（3）实验设备操作不当引起触电事故。

（4）实验室受潮、漏水等引起的漏电导致触电事故。

5.6.2 触电事故的预防措施

（1）使用电器时，防止人体与电器导电部分直接接触。

（2）禁止用湿手或手握湿的物体接触电插头。

（3）为了防止触电，仪器和设备的金属外壳等应连接地线。

（4）实验完成后应先关仪器开关，再将连接电源的插头拔下。

（5）检查电器设备是否漏电时应该用试电笔。

（6）禁止使用漏电的仪器。

5.6.3 触电事故的应急处理

（1）当发生触电时，应先切断电源或拔下电源插头。若来不及切断电源，可用绝缘物挑开电线，使触电者尽快脱离电源。切断电源前禁止触碰触电者。

（2）触电者脱离电源后，应就地仰面躺平。禁止摇晃触电者头部，并且迅速鉴定触电者是否有心跳和呼吸。

（3）根据触电者不同情况采取不同的急救方法。

①对触电后神志清醒，但轻度心慌、四肢发麻、全身无力，或触电过程中曾一度昏迷但已清醒的触电者，要有专人照顾，让其安静休息并严密观察。对轻度昏迷或呼吸微弱者，可请医生前来诊治，必要时送往医院救治。

②对触电后伤势较重、已失去知觉，但有心跳和呼吸的触电者，让其舒适安静平卧，仰头抬颏，保持气道畅通，并及时送往医院救治。

③如触电者心跳停止或呼吸停止，需立即实施心肺复苏术进行抢救，同时呼叫急救中心。

5.7 辐射事故

5.7.1 生命科学实验室辐射事故的主要原因

（1）放射源、放射性物质、放射性污染严重物件的丢失或被盗。

（2）放射源装置和辐射装置发生故障或误操作引起放射性物质泄漏。

（3）密封放射源或包容放射性物质的设备或容器泄漏。

（4）放射性物质从放射源与辐射技术应用设施异常释放。

5.7.2 辐射事故的预防措施

（1）使用放射性物质和辐射装置的单位，应当取得使用许可证。

（2）使用放射性物质和辐射装置的工作人员必须经过专业培训并获得操作资格证。

（3）操作放射性物质和辐射装置时必须严格按照操作规范进行操作。

（4）严格保存好放射源、放射性物质和放射性污染严重物件。

（5）定期检查放射源装置和辐射装置。

（6）放射性物质的废弃物必须严格按照相应规范进行处理。

5.7.3 辐射事故的应急处理

(1) 发生辐射事故后,应立即报告给放射事故应急领导小组,并做好应急处置准备。

(2) 立即关闭事故发生实验室,对周围环境进行隔离、封闭,划定紧急隔离区,保护工作人员和公众的生命安全,保护环境不受污染。

(3) 正确判断事件性质,将事故情况报告应急指挥中心。

(4) 如有人员受辐射、受污染,立即送医院救治。

(5) 救离人员后,派人保护好事故现场,等待环保、卫生、公安等部门进行现场调查。

(6) 配合上级有关部门对现场进行勘查和环保安全技术处置、检测等工作,查找事故发生原因,进行调查处置。

5.8 烫伤、割伤等外伤事故

5.8.1 生命科学实验室发生烫伤、割伤等外伤事故的主要原因

在实验过程中使用火焰、蒸汽、红热的玻璃和金属时易发生烫伤。割伤也是实验室常见的伤害,尤其是在向橡皮塞中插入温度计、玻璃管时一定要用水或甘油润滑且用布包住玻璃管轻轻旋入,如用力过猛,易导致割伤。

5.8.2 生命科学实验室发生烫伤、割伤等外伤事故的应急处理

(1) 割伤:首先必须检查伤口内有无玻璃碎屑等异物,用水洗净伤口,再擦碘伏消毒,必要时用纱布包扎。也可在洗净的伤口处贴上创口贴。若伤口较大或过深而大量出血,要迅速包扎止血,立即送医院救治。

(2) 烫伤:一旦被火焰、蒸汽、红热的玻璃、铁器等烫伤,立即将伤口处用大量水冲淋或浸泡,以迅速降温而避免深度烧伤。对轻微烫伤,可在伤处涂些鱼肝油或烫伤油膏或万花油后包扎。一般用90%~95%酒精消毒后,涂上苦味酸软膏。如果伤处红痛或红肿,可用橄榄油或用棉花沾酒精敷盖伤处;若皮肤起水疱,不要弄破水疱以防止感染,用纱布包扎后送医院治疗。

5.8.3 医药箱

实验室需具备医药箱以供急救用。医药箱内一般有的急救药品和器具如下。

(1) 消毒剂:75%酒精、0.1%碘伏、3%过氧化氢、酒精棉球。

(2) 烫伤药:玉树油、愈创蓝油烃、凡士林。

(3) 创伤药:红药水、龙胆汁、消炎粉。

(4) 化学灼伤药:5%的碳酸氢钠溶液、1%硼酸、2%醋酸、10%氨水、2%硫酸铜溶液。

(5) 治疗用品:剪刀、药棉、纱布、棉签、创口贴、绷带、镊子、棉签等。

5.9 安全事故实例

1. 未规范储存和操作易燃易爆生物化学试剂导致爆炸安全事故实例

(1) 事故介绍:2018年12月,某高校实验室发生爆炸。原因是实验室里堆放了共计30桶

镁粉、8桶催化剂以及6桶磷酸钠等易燃易爆化学品。实验过程中料斗内产生的氢气被搅拌机转轴处金属摩擦碰撞产生的火花点燃爆炸，爆炸引起周边的其他可燃物燃烧爆炸。事故造成3名参与实验的研究生死亡。

（2）事故原因分析：学生在实验操作过程中未规范操作，导致实验过程中产生的氢气被摩擦产生的火花点燃发生爆炸；实验室大量堆积易燃易爆生物化学试剂，未将这些危险化学品规范储存，进一步导致更大的燃烧爆炸，造成严重的安全事故。

2. 未规范操作仪器导致仪器伤人安全事故实例

（1）事故介绍：2009年10月，某高校实验室发生爆炸，造成两名调试人员、一名教师和两名学生受伤。原因是刚买不久的实验仪器（厌氧培养箱）在调试过程中突然发生气体爆炸。

（2）事故原因分析：调试仪器人员未按照规范调试厌氧培养箱导致爆炸，且调试仪器过程中其他人员在调试仪器附近，导致调试人员和其他人员受伤。

本章习题

正误判断题

1. 实验室安全管理应坚持安全第一、预防为主的方针。（　　）
2. 苯是一种常见的有机易燃液体。（　　）
3. 高压钢瓶具有易燃易爆性，如操作不当很有可能造成火灾甚至爆炸等事故。（　　）
4. 石油醚的自燃点为240 ℃，故可常温存放。（　　）
5. 丙酮的自燃点为538 ℃，是一种较为安全和稳定的有机液体。（　　）
6. 乙醚的闪点较低，故应储存于普通冰箱内。（　　）
7. 低闪点液体的蒸汽只需接触红热物体的表面便会着火。（　　）
8. 易燃易爆试剂需分类、分组存放，专柜限量储存，专人保管。（　　）
9. 装有有机化学试剂的瓶若潮湿，可置于烘箱内干燥、烘烤。（　　）
10. 燃着的或阴燃的火柴梗可直接丢入垃圾桶中。（　　）
11. 实验室发生火灾事故时一般用水灭火。（　　）
12. 二氧化碳（CO_2）灭火器可以用于扑灭金属着火。（　　）
13. 应加强实验室人员消防安全教育及开展消防模拟演练。（　　）
14. 为改善室内的空气质量，可打开氧气钢瓶，让氧气逸入室内。（　　）
15. 应在开口容器中用明火加热有机溶剂。（　　）
16. 当用明火加热易燃有机溶剂时，必须有蒸气冷凝装置或合适的尾气排放装置。（　　）
17. 回流和加热时，液体量不能超过烧瓶容量的2/3。（　　）
18. 干粉灭火器主要用于扑救石油、有机溶剂等易燃液体、可燃气体和电气设备的初期火灾。（　　）
19. 泡沫灭火器主要用于扑灭电气着火。（　　）
20. 有机溶剂在桌面或地面上蔓延燃烧时，应赶紧用水扑灭。（　　）
21. 金属着火时严禁用水和四氯化碳灭火器扑灭。（　　）
22. 搬运钢瓶时，可让气体钢瓶在地上滚动。（　　）
23. 镁粉和硝酸银、锌粉和硫黄可放置在一起。（　　）
24. 发生电气火灾时，首先应采取的第一措施是扑灭明火。（　　）

25. 当有危害的化学试剂发生泄漏、洒落或堵塞时,应首先避开并想好应对的办法再处理。(　　)

26. 在实验室里进行某些有潜在危险的实验操作时应该佩戴护目镜,防止眼睛受刺激性气体熏染。(　　)

27. 处理 H_2S、NO_2、Cl_2、Br_2、发烟硫酸、浓盐酸、乙酰氯等具有刺激性的、恶臭的和有毒的化学药品时,必须在通风橱中进行。(　　)

28. 严禁在酸性介质中使用氰化物。(　　)

29. 若化学试剂溅入眼内,先立即使用洗眼器洗涤或用大量水彻底冲洗。洗涤方法:立即睁大眼睛,用流动清水正对角膜方向冲洗。(　　)

30. 凡是有爆炸危险的实验,必须遵循指导,并应安排在专门防爆设施(或通风橱)中进行。(　　)

31. 使用有毒的化学试剂时除用药匙、量器外必须佩戴橡皮手套。(　　)

32. 硫酸烧伤后应立即用大量水冲洗。(　　)

33. 重金属盐中毒者,应立即服催吐药催吐有毒物质。(　　)

34. 烫伤时,立即将伤处用大量水冲淋或浸泡,以迅速降温而避免深度烧伤。(　　)

35. 碱灼伤者先用大量水冲洗,再用2%醋酸溶液或2%硼酸溶液冲洗,最后用水洗。冲洗后涂上油膏,并将伤口扎好。(　　)

36. 对于割伤,首先必须检查伤口内有无玻璃碎屑等异物,用水洗净伤口,再擦碘伏或紫药水,必要时用纱布包扎。(　　)

37. 在加压或减压实验中不得使用不耐压的玻璃仪器。(　　)

38. 橡皮塞中插入温度计、玻璃管时一定要用水或甘油润滑且用布包住玻璃管轻轻旋入。(　　)

39. 若衣服着火,最好立即脱除。若火势较大,可就近用水龙头浇灭或就地卧倒打滚,同时身体在地上压住着火处,使其熄灭。(　　)

40. 在使用和制备易燃易爆气体时,如氢气、乙炔等,必须在通风橱内进行,并不得在其附近点火。(　　)

41. 大量集中使用气瓶时,应注意根据气瓶介质情况,采取必要的防火、防爆、防电打火(包括静电)、防毒、防辐射等措施。(　　)

42. 若皮肤起水疱,不要弄破水疱,防止感染,用纱布包扎后送医院治疗。(　　)

43. 在易燃易爆易灼烧物及有静电发生的实验室,建议使用化纤防护用品。(　　)

44. 医药箱内一般有下列消毒剂:75%酒精、0.1%碘伏、3%过氧化氢、酒精棉球。(　　)

45. 钾、钠应保存在煤油中,磷可保存在水中,取用时用镊子。(　　)

46. 火灾发生后,如果逃生之路已被切断,应退回室内,关闭通往燃烧房间的门窗,并向门窗上泼水以减缓火势发展,同时打开未受烟火威胁的窗户,发出求救信号。(　　)

47. 为避免误食有毒的化学药品,禁止把食物、食具带进实验室。(　　)

48. 由于工作需要,仪器设备偶尔超负荷运转是允许的。(　　)

49. 如需操作特种设备,必须接受专业训练并获得操作资格证。(　　)

50. 若仪器插座接口破损,需及时修理。(　　)

51. 发生触电事故时,应立即用手拿开电线,抢救伤员。(　　)

52. 在触电现场,若触电者已经没有呼吸或脉搏,此时可以判定触电者已经死亡,从而放

弃抢救。(　　)

53. 需要使用放射性物质做实验时,只要知道操作流程和注意事项即可。(　　)

54. 对于放射性物质污染的物件,应该严格保存好。(　　)

55. 如果有人员受辐射照射,立即送医院救治。(　　)

本章习题答案

1. (√) 2. (√) 3. (√) 4. (×) 5. (×) 6. (×) 7. (√)
8. (√) 9. (×) 10. (×) 11. (×) 12. (×) 13. (√) 14. (×)
15. (×) 16. (√) 17. (√) 18. (√) 19. (×) 20. (×) 21. (√)
22. (×) 23. (×) 24. (×) 25. (√) 26. (×) 27. (√) 28. (√)
29. (×) 30. (√) 31. (√) 32. (×) 33. (×) 34. (√) 35. (√)
36. (√) 37. (√) 38. (√) 39. (√) 40. (√) 41. (√) 42. (√)
43. (×) 44. (√) 45. (√) 46. (√) 47. (√) 48. (×) 49. (√)
50. (√) 51. (×) 52. (×) 53. (×) 54. (√) 55. (√)

第6章 病毒学实验室生物安全与操作规范

扫码看课件

生物安全是一个多层面的概念，涉及从微观到宏观的各个层次。广义上的生物安全关注的是生物技术的发展和应用，以及病原微生物的重组和操作可能对生物多样性、生态系统平衡和人类健康带来的风险。这涉及对基因工程作物的监管、转基因生物的环境释放以及生物武器的防控。狭义上的生物安全则更专注防止病原体和毒素的意外暴露或外泄，这通常涉及实验室和医疗设施中的安全操作规程和设备。

6.1 病毒学实验室生物安全

实验室生物安全尤其重要，因为它直接关系到科研人员和周边社区居民的健康与安全。实验室内的生物安全措施包括但不限于使用适当的生物安全柜和个人防护装备，实施严格的废物处理程序和有效的感染控制策略。这些措施旨在保护实验室人员免受危险生物材料的伤害，并防止这些材料逸出实验室环境，造成更广泛的公共卫生问题；同时保证从事病毒学研究的实验室的生物安全条件和状态不低于允许水平，避免实验人员、来访人员、社区居民及环境受到不可接受的损害，且其符合相关法规、标准对实验室保证生物安全责任的要求。

病毒学实验室根据所处理的病毒的危险性分为不同的安全等级，从BSL-1到BSL-4，每个等级都有相应的安全要求和操作规程。例如，BSL-1实验室适用于对健康成人不构成疾病风险的微生物，而BSL-4实验室则用于研究如埃博拉和马尔堡病毒这样的高致病性病原体。随着科学的进步和全球化的发展，生物安全的重要性日益凸显。它不仅注重保护个体和社区，也为了维护全球公共卫生安全。因此，对生物安全的投资和研究是未来健康和安全的重要保障。

6.1.1 实验室生物安全防护的重要性

实验室生物安全防护的重要性不容忽视，它是确保科研工作顺利进行和保护研究人员安全的关键。美国生物安全专家Sulkin和Pike的研究表明，在5000多个生物实验室中，累计有3921例相关感染，其中不到20%由设备故障引起，而超过80%的感染是由工作人员操作失误造成的。这一数据强调了严格的操作规程和设备维护对于预防感染的重要性。在实验室中，生物安全防护措施包括但不限于使用个人防护装备、实施适当的废物处理程序、确保设备的正确运行以及提供充分的员工培训。

实验室感染不仅可能对研究人员造成健康风险，还可能导致病原体的外泄，对公共卫生构成威胁。例如，1979年，苏联斯维尔德洛夫斯克生物实验室的炭疽泄露事件就是一个严重的生物安全事故。此外，2010年我国某大学发生的布鲁氏菌病感染事件，以及2020年兰州市的布鲁氏菌抗体阳性事件，都是因为实验室生物安全管理不善而导致的公共卫生事件。这些事件凸显了实验室生物安全管理的紧迫性和重要性。

6.1.2 不同安全级别实验室采取不同的生物安全防护

为了有效管理实验室生物安全，必须建立一套综合的措施，包括制定和执行严格的安全规程、进行定期的风险评估、确保所有实验室人员都接受适当的培训并且了解自己在实验室工作中可能面临的风险。实验室应当依据病原微生物的不同危害级别进行分类，并针对不同类别实施相应级别的安全防护措施。根据国家卫生健康委员会发布的《人间传染的病原微生物目录》，将病原微生物（病毒、细菌、真菌）根据其传染性和对个体或群体的危害程度分为四类，其中第一类和第二类为高致病性病原微生物。

生物安全实验室是为了防止微生物或生物制品对实验室工作人员、环境和公众造成潜在危害而特别设计的实验室。根据处理的生物材料的危险性和实验室工作的性质，生物安全实验室分为四个级别（1～4 级）。不同级别的实验室需要不同的安全防护设备。1 级（BSL-1）实验室通常不需要特殊的安全设备；2 级（BSL-2）实验室需要使用生物安全柜、高压灭菌器等设备来保护工作人员和环境；3 级（BSL-3）实验室需要严格的控制设备，如负压通风和空气过滤系统；4 级实验室（BSL-4）是最高级别的实验室，具有最严格的安全设备（包括全身防护服和隔离舱等）。

每个级别的实验室都有其特定的设计原则（涉及实验室的布局、建筑材料、通风系统和废物处理程序）以确保生物安全和防止交叉污染。这些设计原则和定义在国家标准和行业指南中有详细规定，以确保实验室操作的安全性和有效性。例如，国家标准《实验室　生物安全通用要求》（GB 19489—2008）和《生物安全实验室建筑技术规范》（GB 50346—2011）详细描述了不同级别生物安全实验室的设计和运行要求。这些标准和指南的制定和更新，反映了生物安全领域的最新科学研究和技术进步，旨在提高实验室工作的安全性和防护能力。

此外，实验室工作人员应当使用适当的个人防护装备，并严格遵守操作规程。生物废弃物的处理也是生物安全管理的一个重要方面，需要按照规定进行分类收集、存储和处理。

总之，实验室生物安全防护涉及人员培训、设备维护、实验室设计和废物处理等多个方面。只有通过全面的管理和持续的改进，才能有效地减少实验室感染事件的发生，保护研究人员和公众的健康，以及防止病原体的外泄。

6.2 病毒学实验室操作规范

6.2.1 病毒学 BSL-2 实验室操作规范

1. 人员进入流程

（1）登记：进入实验室前，人员应在 BSL-2 实验室人员出入登记表上登记日期、姓名和进入时间。这有助于跟踪人员出入实验室的记录。

（2）更换外套：进入实验室后，人员应立即脱下自己的外套。外套可能携带外界的污染物，所以需要更换为实验室专用的服装。

（3）穿戴个人防护装备：依次穿戴以下个人防护装备：①一次性口罩、帽子和鞋套（第一更衣室），以防止呼吸道和头部的污染。②一次性乳胶手套（第一更衣室），以保护双手，避免直接接触实验材料。③实验服(第二更衣室),覆盖全身,避免衣物污染。④一次性隔离服(第二更衣室),以达到更严密的防护,防止实验材料进入服装内部。⑤第二副一次性乳胶手套(第二更衣室):双层手套,增加手部的保护。

(4) 进入实验室:在穿戴完个人防护装备后,人员可以进入实验室。进入时应注意不要碰到实验室内的其他物品,以避免交叉污染。

2. 人员离开流程 当人员需要离开BSL-2实验室时,应遵循以下详细的流程,以确保实验室的生物安全与操作规范。

(1) 摘除外层手套:丢弃已经使用过的外层手套到垃圾桶内。这有助于防止外层手套携带的污染物进入其他区域。

(2) 仪器使用记录:在离开实验室之前,务必做好仪器使用记录。记录有助于追踪实验操作和设备的状态。

(3) 核实设备关闭:离开实验区前,核实所有未设定继续运转的设备是否已关闭。确保实验室内的设备不会继续运行,以避免不必要的能耗和风险。

(4) 脱去一次性隔离服:在实验室出口处,脱去一次性隔离服。这有助于防止实验室外的污染物进入隔离服内部。

(5) 脱去实验服和个人防护装备:在更衣室内,脱去实验服。把一次性口罩、帽子、鞋套、手套等丢入专用的黄色垃圾桶中。

(6) 消毒手部:进入缓冲间内,进行手部消毒。使用合适的消毒剂,彻底清洁双手。

(7) 登记离开时间:在BSL-2实验室人员出入登记表上登记离开时间。这有助于记录人员出入实验室的情况。

(8) 关闭照明灯:确保实验室内的照明灯已关闭,以节约能源。

(9) 离开BSL-2实验室:确认所有步骤完成后,离开BSL-2实验室。

3. 在BSL-2实验室内的禁止事项 在BSL-2实验室内,有一些严格的规定和禁止事项,以确保实验人员的安全和实验室环境的生物安全。以下是一些禁止在BSL-2实验室内开展的相关事项。

(1) 进食、饮水和吸烟:在BSL-2实验室内严禁进食、饮水和吸烟。食品和饮料可能引入外部污染,而吸烟可能影响实验室空气质量。

(2) 化妆和处理隐形眼镜:禁止在实验室内化妆或处理隐形眼镜。化妆品和隐形眼镜可能成为潜在的污染源。

(3) 储存与实验无关的物品:实验室内不得储存与实验无关的物品,尤其是食品和饮料。保持实验室环境整洁,避免杂物堆积。

(4) 穿露脚趾的鞋:严禁在实验室内穿着露脚趾的鞋。封闭式鞋款有助于防止意外溅洒和受伤。

(5) 用嘴吸移液管取液:严格禁止用嘴吸移液管取液。应使用机械吸液装置,避免直接接触液体。

遵守这些规定和禁止事项有助于维护BSL-2实验室的生物安全与操作规范。

4. 其他出入注意事项

(1) 出入BSL-2实验室,必须随手迅速关闭每一道门,禁止同时打开内外两门,以保证室内处于正常的压力范围。

(2) 在实验室工作时,任何时候都必须穿实验服。

(3) 严禁戴着可能已被污染的手套的手触摸门把手、电灯开关、电话和其他公共设施。

(4) 严禁穿实验服离开实验室，如去餐厅、图书馆、休息室和卫生间等。

(5) 在 BSL-2 实验室内，物品进出流程需要严格遵循操作规范，以确保实验室的生物安全。以下是详细的物品进出流程。

①进入流程。

a. 刷卡进入外准备间。

b. 打开传递窗，放入实验物品，实验物品需经过消毒后才可带入实验区。根据物品的性质，选择合适的消毒方式。通常采用传递窗紫外灯消毒，若物品不能照射紫外灯(如细胞和培养基等)，必须表面喷洒 75%酒精消毒后放入传递窗。

c. 人员进入实验室：待人进入实验室后，关闭传递窗的紫外灯，开门取出物品。

②实验结束后处理流程。

a. 所有实验废弃物禁止带离实验室，应放入专用的垃圾桶后待消毒灭菌处理。

b. 实验物品带离实验室，必须经由传递窗传出，带出的物品必须经过消毒处理。可在传递窗经紫外灯消毒后带出，或者在表面喷洒 75%酒精消毒后，放入传递窗带出。

5. 实验室职业暴露感染的途径 生物安全实验室是处理可能具有感染性的微生物的专业场所，其设计和操作旨在最大限度地减少实验室工作人员、环境和公众的暴露风险。实验室职业暴露感染的途径主要包括经口感染、经皮肤感染、吸入感染和意外注射。经口感染可能发生在实验室工作人员不慎将手上的病原体带入口腔，或通过实验室内的食物和饮水。经皮肤感染则可能通过切割、刺伤或其他皮肤损伤发生，特别是在处理锐器或其他可能被污染的物品时。吸入感染是通过呼吸道吸入空气中的病原体颗粒，在处理液体样本伴随产生气溶胶时尤为常见。意外注射可能发生在使用针头或其他尖锐工具时不慎刺伤自己。为了防止这些暴露，生物安全实验室采取了一系列措施，包括使用个人防护装备(如手套、防护服和面罩)、实施严格的操作协议、进行定期的安全培训和健康监测，以及确保实验室的设计符合生物安全要求。此外，还有专门的废物处理程序和应急响应计划，以应对可能的暴露事件。通过这些综合措施，生物安全实验室能够有效地保护工作人员和公众免受危险生物因子的威胁。需要明确的是实验室职业暴露可发生在实验室工作或逗留的任何时间。

(1) 严防气溶胶的产生。

①预先确定实验操作中可能产生气溶胶的实验步骤以及处理病原微生物的感染性材料时是否使用可能产生病原微生物的仪器。

②禁止用嘴吸液；必须使用辅助移液装置。

③感染性物质不能使用移液管反复吹吸混合。严禁向含有感染性物质的溶液中吹入气体。移液管应当在消毒剂中浸泡适当时间后再进行处理。

④离心要在防气溶胶的转头中进行。转子或套管只允许在生物安全柜中打开、装载和卸载。

⑤任何有活性的第三类病原体的操作都应在二级生物安全柜中进行，遵守双层防护原则。开放式的实验台不允许操作此类病原体。

⑥实验结束后，清洁用过的工作台面和材料，必须用 75%酒精擦拭消毒。用紫外线消毒生物安全柜台面或房间。

⑦任何情况下书籍和实验记录本都不允许带入或带出 BSL-2 实验室。

⑧养成随手关门的习惯，以保证实验区和缓冲区的压差，避免病原微生物外泄。

(2)谨防刺伤割伤。

①在BSL-2实验室内实验过程中应使用塑料耗材,玻璃制品只有实验必需时方可使用。

②注射器、针头和刀片只有在绝对需要时才可使用。用过的针头或刀片必须放到专用的利器盒中。

③对于碎玻璃或其他锐器,要使用镊子或硬的厚纸板来收集处理,并将它们置于可防刺透的容器中以待处理。切勿直接用手进行操作。

(3)其他实验操作注意事项。

①实验室应保持干净整洁。只有当前正在使用的仪器和物品才可放在实验台上。耗材应储存在缓冲间指定的架子上或者柜子中,随用随取。

②实验过程中产生的含有病毒的废液即可弃于废液瓶中,不含病毒的废液可通过吸引器吸走。废液瓶中的溶液切忌过满,且不可超过2/3,及时加15%的84消毒液处理半小时或过夜后,倾倒于废水槽中。

③实验过程中产生的含病毒固体废弃物置于安全柜内的医废盒中,尖锐物品弃于利器盒中,不含病毒的固体废弃物可弃于安全柜下方的废纸篓中。

6.2.2 生物安全柜操作规范及生物安全柜内病毒液体泼溅应对措施

1. 生物安全柜操作规范

(1)物品摆放区域划分:生物安全柜内的物品应按照清洁区、半污染区和污染区进行划分。

①清洁区:放置无菌物品,如培养皿、试剂瓶等。

②半污染区:放置已经处理过的样品或工具,如已灭菌的移液器、离心管等。

③污染区:放置可能含有病原体的样品,如细菌培养物、病毒悬液等。

(2)物品摆放原则:物品应尽量靠后放置,但不得挡住气道口,以免干扰气流正常流动。避免将物品放在送风滤器扩散板前面,以确保气流的均匀分布。物品应平行放置,成“一”字形排列,避免交叉污染。

(3)操作顺序:从清洁区到污染区进行操作,以避免交叉污染。为防止液体溅出,可以在台面上铺用消毒剂浸泡过的毛巾或纱布,但不能覆盖安全柜格栅。

(4)在柜内操作期间,严禁使用酒精灯等明火,以避免产生的热量干扰气流稳定。背后人员尽量减少走动和尽量避免快速开关房门,以保持气流稳定。

(5)在柜内操作时,动作应轻柔、舒缓,防止影响气流。不可打开玻璃视窗,应保证操作者脸部在工作窗口之上。

(6)定期检测与保养:定期检测生物安全柜,确保其正常工作。工作异常时,立即停止工作并通知相关人员。

2. 生物安全柜内病毒液体泼溅应对措施 当生物安全柜内发生病毒液体泼溅时,需要立即采取应对措施,以确保实验人员的安全和防止进一步传播。以下是详细的应对措施。

(1)生物安全柜内发生小量溢洒(5 mL以内)应对措施。

①实验人员保持生物安全柜处于开启状态。

②直接用浸透75%酒精的吸水性布巾擦拭溢洒物进行消毒处理。

③外层手套被污染时须在安全柜内擦拭消毒且更换干净手套后再继续实验。

(2) 生物安全柜内发生大量溢洒应对措施。

①实验人员须暂停实验,保持生物安全柜处于开启状态。

②不要把头伸入生物安全柜中处理溢洒物。

③根据感染物质的特性,选用合适的消毒剂。

④倾倒消毒剂于纸巾上,并覆盖周围区域(通常可以使用 84 消毒液)。

a. 表面消毒:从溢洒区域的外围开始,朝向中心进行处理。保持消毒剂作用适当的时间(如 30 分钟)。使用含氯的消毒剂时,需要再使用 70%酒精将台面擦干净,以免对台面造成腐蚀。

b. 处理污染材料:将处理过的污染物置于防漏、防穿透的废弃物处理盒中。如果含有碎玻璃或其他锐器,使用镊子、簸箕或硬的厚纸板收集处理,并将其置于可防刺透的容器中。

⑤更换手套和洗手:消毒工作面后,更换手套,无论是摘下手套还是更换手套,都要洗手。

如果发生更大范围的病毒溢洒,应立即停止实验,通知管理员。

(3) 生物安全柜外大范围病毒液体泼溅应对措施。

①立即联系管理员,紧急疏散所有在 BSL-2 实验室的实验人员。

②管理人员立即关闭实验室,30 分钟后进行消毒处理,并在门口设置严禁入内的警示标识。

③管理人员用纸巾或棉垫吸干污染区域污染液,并用 15%的 84 消毒液从外向中心湿拖,保持 30 分钟。

④所有污染的物品均丢弃至黄色垃圾袋中。

⑤使用紫外线照射房间 1 小时后,再开放。

⑥在成功消毒后,向生物安全委员会报告事故,并且告知关于泼溅区域的污染情况及清除污染的工作过程。

6.2.3 病毒溢出或病毒液体接触皮肤或黏膜应急处理措施

1. 病毒溢出污染离心机 当离心机内发生感染性物质泄露时,需要立即采取以下处理步骤,以确保实验室的生物安全。

(1) 关上离心机盖子并切断电源:立即小心地关上离心机盖子,以防止进一步泄露。切断离心机电源,以确保安全。

(2) 等待至少 30 分钟:让气溶胶沉降,以减少悬浮在空气中的微粒。

(3) 消毒离心机内部:使用消毒布覆盖和擦拭离心机内部,包括转子舱室和其他可能被污染的部位。使用 2000 mg/L 含氯消毒剂或 75%酒精进行擦拭。自然晾干。

(4) 转移离心机转子至生物安全柜:将消毒后的离心机转子转移到生物安全柜内。浸没在装有 75%酒精的容器中,保持至少 60 分钟。

(5) 处理离心管或破碎的离心管碎片:使用镊子小心地将离心管或破碎的离心管碎片收集至利器盒内。

(6) 擦干转子外表面及仓室:使用消毒剂擦拭转子外表面和仓室。

(7) 高压灭菌处理浸泡液:将浸泡液转入专用容器,进行高压灭菌处理。

2. 病毒液体接触皮肤或黏膜 当涉及病毒液体接触皮肤或黏膜时,需要采取严格的操作步骤以确保实验人员的安全和防止病毒传播。以下是详细的操作步骤。

(1) 脱掉污染的手套:如果戴着手套,立即脱掉污染的手套。注意不要接触手套内部。

(2) 用75%酒精或碘伏擦拭:使用棉球蘸取75%酒精或碘伏小心地擦拭接触到病毒液体的皮肤或黏膜区域。

(3) 用大量清水冲洗:使用大量清水冲洗接触到病毒液体的区域。至少冲洗15分钟以确保充分清洗。

(4) 处理针头扎伤或刀片割伤:如果发生针头扎伤或刀片割伤,立即处理伤口。按照医院的伤口处理流程进行处理。

6.2.4 事故报告和登记

生物安全实验室的事故报告和登记程序是确保实验室安全的重要环节。以下是详细的步骤。

(1) 事故发生时的立即处理:一旦发生事故,立即停止实验操作。确保人员的安全,避免进一步的伤害或污染。

(2) 报告事故:通知实验室主管。填写事故报告表,详细记录事故的性质、时间、地点和涉及的人员。

(3) 登记事故信息:将事故报告记录在实验室的事故登记簿中,具体记录包括事故的日期、时间、事故类型、事故原因、受影响的人员等信息。

(4) 事故调查和分析:进行事故调查,找出事故的根本原因,分析事故的影响和可能的改进措施。

(5) 采取改进措施:根据事故调查结果,制订改进计划,更新实验室的安全操作规程以防止类似事故再次发生。

本 章 习 题

正误判断题

1. 戴眼罩可以减少气溶胶的产生。(　　)

2. 二级生物安全实验室必须配备的设备是生物安全柜和高压灭菌器。(　　)

3. 生物安全柜操作时,废物袋以及盛放废弃吸管的容器因其体积大放在生物安全柜一侧就可以。(　　)

4. 实验室工作人员在处理病原微生物样本时,为了防止交叉污染或误操作,应该在实验前仔细阅读实验方案并按照规定准备好所需的试剂和设备。(　　)

5. 生物安全柜内发生少量溢洒没有造成严重后果的属于严重差错。(　　)

6. 因个人防护缺陷而吸入致病因子或含感染性生物因子的气溶胶不是实验室暴露的常见原因。(　　)

7. 实验室工作人员在操作病原微生物时,如果发生了职业暴露(如皮肤损伤或黏膜接触),应该用肥皂水清洗伤口或黏膜,并用碘伏消毒,且向上级领导汇报,并按规定进行医学观察和治疗。(　　)

8. 实验室感染中最常见的感染类型是事故性感染。(　　)

9. 可造成微生物气溶胶的操作有接种环操作、吸管操作和离心机操作以及针头和注射器操作。(　　)

10. 实验室生物安全防护内容包括实验室物理防护、规范化实验室管理和标准化的操作规程。(　　)

11. 高致病性病原微生物菌(毒)种是指第三、四类病原微生物菌(毒)种。(　　)

12. 实验室工作人员在使用生物安全柜时,安全柜内可以堆放尽量多的物品,稍微遮挡风也不要紧。(　　)

13. 微生物的分类地位也属于病原微生物危害程度分类的主要依据。(　　)

14. 实验室工作人员在处理病原微生物样本后,处理实验废弃物的正确方式是用高压蒸汽灭菌后再丢弃到专用垃圾桶中。(　　)

15. 灭菌是指杀灭或清除病原微生物的方法。(　　)

16. 实验室个人防护衣物和通常穿着衣物可存放同一橱柜。(　　)

17. 在生物安全实验室中使用的一次性手套不可再次使用。(　　)

18. 实验室工作人员可直接进入实验室进行工作,不需出入登记。(　　)

19. 非实验有关人员和物品不得进入实验室。(　　)

20. 感染性样本处理必须在生物安全柜中操作。(　　)

21. 可能产生感染性气溶胶的操作可以不在生物安全柜中操作。(　　)

22. 实验室工作人员在使用生物安全柜时,为了保证其正常运行和有效防护,在柜内操作时,应尽量减少手臂的移动,避免破坏气流平衡。(　　)

本章习题答案

1. (×)　2. (√)　3. (×)　4. (√)　5. (×)　6. (×)　7. (√)
8. (×)　9. (√)　10. (√)　11. (×)　12. (×)　13. (×)　14. (√)
15. (×)　16. (×)　17. (√)　18. (×)　19. (√)　20. (√)　21. (×)
22. (√)

第7章 合成生物学实验室生物安全与生物安保操作规范

扫码看课件

合成生物学，作为一门新兴的交叉学科，不仅融合了系统生物学的精髓，更在遗传工程领域展现出人工设计和合成新型生物元件与系统的强大能力。这一崛起的前沿技术，被誉为未来改变世界的十大新兴技术之一，其应用前景、潜力和影响力可见一斑。

然而，随着合成生物学的飞速发展，其带来的生物安全和生物安保问题也日益凸显。为确保合成生物学实验室的安全运营，防范潜在风险，制定和实施科学、规范的生物安全和生物安保操作规范显得尤为迫切。

因此，本章将针对合成生物学实验室的生物安全和生物安保操作规范进行深入探讨。我们将从实验室日常管理的细微之处出发，结合合成生物学的特殊性质，提出切实可行的操作建议与安全策略。

7.1 合成生物学实验室生物安全操作规范

合成生物学实验室生物安全操作规范是确保实验室人员安全和防止生物危害物质泄露或误用的一系列重要措施。以下是合成生物学实验室生物安全操作规范的一些关键要点。

7.1.1 实验室设施设置规范

(1) 实验室门坚固并防火，且实验室门设有门禁。

(2) 实验室门上贴有标注合成生物学实验室、实验室安全人员信息的门牌。

(3) 实验室地板应具有防滑、防水、防腐蚀、易清洁、不渗透液体等特性。

(4) 实验工作台面应具有防水、耐中高热的特性，并对消毒剂、酸、碱、有机溶剂等有一定耐受性。

(5) 实验台应有足够的空间供有序摆放实验物品。

(6) 实验室具有充足的空间可保证实验室内人员走动、实验室清洁和维护等活动能正常进行，且在实验工作台间以及实验设备间保证有足够的空间以便进行清洁。

(7) 实验工作区保证通风，设有相应的通风和照明措施。

(8) 实验室内应有洗手池和洗眼器。

(9) 安全系统应具备消防设施且配置断路器和漏电保护器，并且对所有电路和消防设备都必须定期进行检查和维护。

(10) 必须配备应急装备，包括急救箱、灭火器和灭火毯等。

(11) 实验室的走廊以及过道中应设置显著的火警标志及紧急通道标志。

7.1.2 人员出入规范

（1）只有经批准的人员才可进入实验室。

（2）进入实验室进行工作的人员应学习合成生物学实验室安全知识，具备合成生物学基础实验操作技能。

（3）人员进出实验室时应随手关实验室门。

（4）与实验室工作无关的物品不得带入实验室。

（5）禁止在实验室工作区进行与科研实验无关的活动。

（6）需带出实验室的手写文件必须保证在实验室内没有受到污染。

7.1.3 人员防护规范

（1）实验室所有工作人员应进行上岗前体检和合成生物学安全培训，且工作人员应掌握合成生物学技术基本操作规范。

（2）在实验室工作时，任何时候都必须穿实验服。不得在实验室内穿裸露出脚任何部分的鞋子。

（3）在进行可能有安全风险的实验操作时，做好防护，如戴手套、防护眼罩等。

（4）实验护具与实验物品分开存放，不能存放于同一个储物柜中。

（5）严禁穿着防护装备离开实验室。

（6）禁止在实验室进食、喝饮料等。

（7）实验室工作区严禁摆放和实验无关的个人物品。

7.1.4 操作过程规范

（1）所有实验操作要按尽量减少气溶胶和微小液滴形成的方式进行。

（2）在处理生物制剂时，避免直接接触生物制剂。

（3）尽量避免使用锋利器材，如剪刀或针头。在必须使用时，采用锐器使用安全装置。

（4）因操作失误出现意外释放和明显暴露事故时，必须按规范进行紧急处理。

（5）如果腐蚀性和污染性材料溢出，必须迅速按照规范处理。

（6）使用合成生物学技术得到的工程基因如可能产生潜在生物安全风险，在实验过程中应注意添加基因防火墙并做好记录。

（7）详细记录实验过程与实验数据。

7.1.5 常用仪器使用规范

（1）使用者须知所要使用仪器的安全操作规范和注意事项，并严格按照操作规范操作。

（2）操作一些有潜在安全风险的仪器如液氮罐、磷屏成像仪等时一定要按要求穿戴防护装备。

（3）操作具有较大潜在安全风险的仪器如高压灭菌锅等仪器前需接受专业培训，获取操作资格证后才可使用。

（4）仪器使用完毕做好使用登记。

（5）仪器使用过程中如果出现故障，立即停止使用，并由专业人员检修。

7.1.6 实验材料和产物保存规范

（1）实验材料和产物应保存在适合的容器内，容器具有足够的强度、完整性和体积以容纳

样品。

(2) 正确使用容器的瓶盖或塞子时,确保容器防漏。

(3) 容器外不含任何生物材料。

(4) 对保存的实验材料和产物进行正确标记且标注合成生物学样品,并做好记录,方便识别。

(5) 根据实验材料特性将其保存在相对应所需保存环境中。

(6) 在合成生物学产物保存容器上同时标注其基本信息。

7.1.7 废弃物处理规范

(1) 废弃物应进行分类处理。未污染废弃物可回收或作为一般城市垃圾处理。合成生物学实验废弃物应进行高压灭菌后再做进一步处理。

(2) 定期清空废液容器并安全处置废液,确保所有废液容器都贴有相对应的标签。

(3) 分类放置有毒有害废液,交由专门部门回收处理。

(4) 被污染的材料必须先进行去污染处理,再进一步分类处理。

(5) 对合成生物学实验废弃物进行灭菌消毒时,必要时需进行预清洁,如去除污垢、有机物和污渍等,且要小心以避免意外暴露和接触感染性物质。

(6) 当使用消毒剂处理废弃物时,应使消毒剂与废弃物间充分接触(如不能有气泡阻隔),且根据所使用消毒剂确定处理时间,使其充分反应。

7.1.8 意外事故应急处理规范

(1) 刺伤、割伤或擦伤:迅速清洗受伤部位后消毒包扎处理,严重的到医院处理。

(2) 误吸或误食实验材料:到医院治疗,并报告医生食入材料的具体情况和事故发生的细节。如是涉及合成生物学实验的材料,需另外与医生说明并告诉细节。

(3) 容器破碎导致无毒物质溢出:如涉及电器,应先立即关闭电源,然后小心收集破碎物品,后用抹布或纸巾覆盖以清除溢洒的物质。

(4) 如果发生仪器故障而导致伤人事故,迅速关闭出故障的仪器设备并对受伤人员进行检查和救治,严重者送医院救治。

(5) 如发生火灾或漏电等灾害时,应立即关闭电源,并拨打119,若有伤势较重者,应立即送医院救治,并联系单位安全负责人报告情况。

通过遵循这些操作规范,合成生物学实验室可以大大降低生物安全风险,确保实验人员的安全和实验结果的准确性。同时,实验室还应定期对操作规范进行审查和更新,以适应合成生物学领域的不断发展和变化。

7.2 合成生物学实验室生物安保操作规范

合成生物学实验室生物安保操作规范旨在确保实验室内的生物科学知识、技能、材料和技术的安全,防止其被盗窃、转移或恶意使用。以下是合成生物学实验室生物安保操作规范的一些关键要点。

7.2.1 项目管理

(1) 管理人员应具备相关的合成生物学专业知识和工作经验。
(2) 管理人员有具体的角色和职责。
(3) 管理层制订一个完善的合成生物学实验室生物安保计划。
(4) 管理层准备必要的资源实施生物安保计划。
(5) 管理层积极开展合成生物学实验室生物安保意识培训活动。
(6) 管理层周期性评估并修改生物安保计划。
(7) 管理层跟踪监督合成生物学实验是否符合相应的生物安保操作规范。
(8) 管理层定期与不同机构进行合成生物学实验室生物安保管理的交流。
(9) 管理层应定期自我检查。

7.2.2 物理安保

(1) 经过允许的人员才能进出实验室。
(2) 实验室出入口安装电子监控系统。
(3) 实验室安装消防警报。
(4) 实验室安装备用供电系统。

7.2.3 人员安保

(1) 严格规定每个实验室人员应有的权限,即人员不得涉及高于自身权限的区域。
(2) 实验室人员接受合成生物学生物安保培训。
(3) 外部人员访问实验室应该经过审核通过,且有必要安排人员陪同。
(4) 实验室详细记录外部人员的访问信息。

7.2.4 研究材料控制和责任制

(1) 实验室有研究材料入库和使用记录。
(2) 实验室应至少有一人负责合成生物学特有研究材料(包括实验材料和研究产物)的登记和管理并有相应的问责制。
(3) 实验室应定期检查研究材料库存和更新库存记录。
(4) 具有材料丢失应急响应机制。

7.2.5 运输安保

(1) 负责运输研究材料的人员应接受过相应的培训且值得信任。
(2) 接收研究材料的人员身份要确认。
(3) 研究材料运输过程应该可以追踪。
(4) 研究材料在不同实验室之间运输之前应有明确的材料转移协议。
(5) 实验室应具有运输材料丢失的应急响应措施。

7.2.6 信息安保

(1) 实验室人员具有合成生物学信息安保意识。
(2) 纸质或电子信息储存方式或地点应确保安全。
(3) 确保合成生物学相关信息交换的方式或对象安全。

(4) 应周期性地评估信息系统的安全性并完善。

(5) 具有信息泄露的应急响应措施。

通过遵循这些生物安保操作规范,合成生物学实验室可以确保实验室内的生物科学知识、技能、材料和技术的安全,为科研工作的顺利进行提供有力保障。

本章习题

正误判断题

1. 生物安全的目的是防止意外接触病原体和毒素或其意外释放。(　　)

2. 生物安全与生物安保防止的意外事件相同。(　　)

3. 生物安保指的是防止对生物科学知识、技能、材料和技术的盗窃、转移或故意使用的措施。(　　)

4. 实验工作台面只需具有防水、耐中高热的特性即可。(　　)

5. 实验室的走廊以及过道中应设置显著的火警标志及紧急通道标志。(　　)

6. 任何人员都可进入实验室。(　　)

7. 进入合成生物学实验室进行工作的人员应学习合成生物学实验室安全知识,具备合成生物学基础实验操作技能。(　　)

8. 需带出实验室的手写文件必须保证在实验室内没有受到污染。(　　)

9. 在实验室工作时,当只需要快速操作一个实验步骤即可离开等待时可以不穿实验服进行实验操作。(　　)

10. 实验护具与实验物品可存放于同一个储物柜中。(　　)

11. 所有实验操作要按尽量减少气溶胶和微小液滴形成的方式进行。(　　)

12. 使用合成生物学技术得到的工程基因如可能产生潜在生物安全风险,在实验过程中应注意添加基因防火墙并做好记录。(　　)

13. 实验材料和产物应保存在合适的容器内,对容器没有要求。(　　)

14. 对保存的合成生物学实验材料和产物需进行正确标记且标注合成生物学样品,并做好记录,方便识别。(　　)

15. 合成生物学实验废弃物不需进行高压灭菌后再做进一步处理。(　　)

16. 对于有毒有害废液需分类放置,交由专门部门回收处理。(　　)

17. 对合成生物学实验废弃物进行灭菌消毒时,必要时需进行预清洁,且小心避免意外暴露和接触感染性物质。(　　)

18. 误吸或误食涉及合成生物学实验的材料时,到医院治疗,并报告医生食入材料的具体情况和事故发生的细节即可。(　　)

19. 合成生物学实验室管理人员应掌握相关的合成生物学专业知识并具备相关工作经验。(　　)

20. 实验室管理层制订好实验室生物安保计划后可长期使用。(　　)

21. 实验室管理层需跟踪监督合成生物学实验是否符合相应的生物安保操作规范。(　　)

22. 需严格规定每个实验室人员应有的权限,人员不得涉及高于自身权限的区域。(　　)

23. 合成生物学实验室人员可不接受合成生物学生物安保培训。(　　)

24. 合成生物学实验室需详细记录外部人员的访问信息。(　　)

25. 实验室应至少有一人负责合成生物学特有研究材料的登记和管理并有相应的问责制。(　　)

26. 负责运输合成生物学研究材料的人员值得信任即可。(　　)

27. 实验室应具有运输材料丢失的应急响应措施。(　　)

28. 合成生物学实验室人员应具有合成生物学信息安保意识。(　　)

29. 实验室应具有信息泄露的应急响应措施。(　　)

本章习题答案

1. (√)　2. (×)　3. (√)　4. (×)　5. (√)　6. (×)　7. (√)
8. (√)　9. (×)　10. (×)　11. (√)　12. (√)　13. (×)　14. (√)
15. (×)　16. (√)　17. (√)　18. (×)　19. (√)　20. (×)　21. (√)
22. (√)　23. (×)　24. (√)　25. (√)　26. (×)　27. (√)　28. (√)
29. (√)

第8章 网络安全意识与保护

扫码看课件

随着网络不断发展，网络安全问题日益凸显。因此，加强网络安全意识、提升网络安全保护能力非常重要。本章将从网络安全概述、网络安全防范、社会工程学三个方面对实验室所涉及的基本网络安全知识进行阐述。

8.1 网络安全概述

8.1.1 网络安全问题

在日常工作学习中，我们常常遇到很多与网络安全相关的问题。如图 8.1.1 是一封邮件接收失败的提示，邮件的主题是“电子邮件失败了”，发送人是消息中心，内容是告知用户有 5 个邮件接收失败，并给出一个链接，单击可恢复邮件。很多人看到邮件后，因担心漏掉重要邮件，会不假思索地点击恢复邮件的链接。点击之后会出现邮箱的登录界面，需要输入邮箱账号和密码。很多人因迫切想找回邮件而输入自己的邮箱账号和密码，但没有得到任何反馈。他们会认为，这不过是一个恶作剧或者服务器错误，但却不会想到，刚才登录过程中输入的邮箱账号和密码已经被黑客通过后台程序获取了。这种邮件，就是钓鱼邮件。

图 8.1.1 钓鱼邮件

钓鱼邮件是指攻击者通过伪造与收件人相关的邮件内容引起收件人注意，以达到欺骗收件人回复邮件、点击恶意链接或下载恶意程序，从而获取收件人的个人敏感信息（如账号、密码等）或令收件人计算机中毒等目的，轻则个人信息泄露，重则信息系统遭到入侵，从而造成损失。和上述案例类似的钓鱼邮件有很多，这些邮件都是精心制作的，利用人们迫切的需求、习惯行为或者好奇的心理，诱惑收件人点击给出的链接，或者进入一个伪造的登录界面，骗取账号和密码；或者给出的附件是病毒文件。为什么称之为钓鱼邮件呢？因为，愿者上钩。这种行为称为网络钓鱼。网络钓鱼是指不法分子通过大量发送声称来自银行或其他知名机构的欺骗性垃圾邮件或短信等，引诱收件(信)人给出敏感信息(如用户名、口令、账号 ID 或信用卡详细信息等)，然后利用这些信息假冒受害者进行欺诈性金融交易，从而获得经济利益。受害者经常遭受重大经济损失或个人信息被窃取并用于犯罪。钓鱼邮件近年来整体呈快速增长趋势，越来越多的人遭受欺骗，这已经成为不可忽视的网络安全问题。

除了网络钓鱼，网络中的安全问题还有很多，比如病毒、诈骗、支付风险、谣言、外挂、暴力、窃密、色情、泄密、取证、网络攻击、行业安全隐患、对抗、隐私等。CNCERT 互联网安全威胁报告数据显示，2021 年 1 月，互联网网络安全状况整体评价为良，境内感染木马或僵尸网络恶意程序的终端数是 119 万余个，境内被篡改网站数量是 12718 个，其中被篡改政府网站数量是 77 个，境内被植入后门的网站数量是 3099 个，针对境内网站的仿冒页面数量是 7307 个。2023 年 4 月 3 日至 2023 年 4 月 9 日，国家信息安全漏洞共享平台(CNVD)共收集、整理信息安全漏洞 298 个，其中高危漏洞 116 个。这些数据表示，网络安全问题不容忽视。

我国网络安全行业发展迅速。近年来，中央网络安全和信息化委员会办公室(以下简称中央网信办)加大对违法违规 App 等平台的监测和整改力度。总的来看，我国网络安全行业有三大主要监测对象，分别为网络病毒、网络漏洞和网络黑产诈骗。网络病毒以勒索病毒为主，黑客通过锁屏、加密等方式劫持用户设备或文件，并以此敲诈用户钱财。网络漏洞通常是由于安全策略上出现缺陷，导致用户受到网络攻击。网络黑产诈骗是指用虚构事实或者隐瞒真相的方法，骗取数额较大的公私财物的行为。据国家信息中心发布的数据，病毒样本每年都在增加。网络病毒、网络漏洞、网络黑产诈骗带来的就是网络安全威胁。

8.1.2 网络安全威胁

上文提到的网络安全问题的相关数据表明，我们面临的网络安全威胁非常多。下文将从网络病毒、隐私泄露、国家安全和行业安全几个方面来讨论。

1. 网络病毒 网络病毒通过计算机网络传播感染网络中的可执行文件，具有寄生性、传染性、潜伏性、隐蔽性、破坏性和可触发性的特点。网络病毒为个人和社会带来巨大的经济损失。下面来介绍几个典型的计算机网络病毒。

CIH 病毒(1998 年)在世界十大计算机病毒排行榜中是公认的第一病毒。这种电脑病毒是一名叫作陈盈豪的大学生编写的，它首先在中国台湾暴发，然后蔓延全球，全球损失超 10 亿美元。CIH 的载体是一个名为“ICQ 中文 Chat 模块”的工具，并以热门盗版光盘游戏如“古墓奇兵”或 Windows95/98 为媒介，经互联网各网站互相转载迅速传播。CIH 病毒属文件型病毒，其别名有 Win95. CIH、Spacefiller、Win32. CIH、PE_CIH，它主要感染 Windows 95/98下的可执行文件(PE 格式，Portable Executable Format)，目前的版本不感染 DOS 以及 WIN 3. X (NE 格式，Windows and OS/2 Windows 3. 1 execution File Format)下的可执行文件，并且在 Win NT 中无效。其发展过程经历了 v1. 0、v1. 1、v1. 2、v1. 3、v1. 4 这 5 个版本，是一种破坏性超强的病毒。

梅利莎病毒(1999 年)是通过微软 Outlook 电子邮件系统传播的病毒，它使微软等公司被迫关闭了整个电子邮件系统。梅利莎病毒通过 Outlook 向用户通讯录中的 50 位联系人发送邮件来传播。该邮件包含“这就是你请求的文档,不要给别人看”这句话,此外夹带一个Word文档附件。一旦单击这个文件,病毒就会感染主机并自动向外发送50封携毒邮件。1999年3月26日,W97M/梅利莎登上了全球各地报纸的头版。据估计,这个Word宏脚本病毒感染了全球15%~20%的商用计算机。病毒传播速度之快令英特尔公司(Intel)、微软公司(Microsoft)以及其他许多使用Outlook软件的公司措手不及,为防止受到进一步损害,他们被迫关闭整个电子邮件系统,造成了3亿~6亿美元的损失。

爱虫病毒(2000年)在2000年暴发于中国香港,它通过微软Outlook电子邮件系统传播,主题就是“I Love You”,包含附件“Love-Letter-for-you. txt. vbs”。打开病毒附件后,该病毒会自动向通讯录中的所有电子邮件地址发送病毒邮件副本,阻塞邮件服务器,同时还感染扩展名为.VBS、.HTA、.JPG、.MP3等十二种数据文件。新“爱虫”(Vbs. Newlove)病毒同爱虫(Vbs. loveletter)病毒一样,通过微软Outlook电子邮件系统传播,打开病毒附件会观察到计算机的硬盘灯狂闪,系统速度显著变慢,计算机中出现大量的扩展名为vbs的文件。所有快捷方式被改变并与系统目录下w. exe建立关联,进一步消耗系统资源,造成系统崩溃。爱虫病毒造成了全球100亿~150亿美元的损失。

红色代码(2001年)是一种网络蠕虫病毒,能够通过网络服务器进行传播。2001年7月13日,红色代码从网络服务器上传播开来。它专门攻击运行微软互联网信息服务软件的网络服务器。极具讽刺意味的是,在此之前的6月中旬,微软曾经发布了一个补丁,修补了网络服务器的漏洞。被它攻击后,主机所控制的网络站点上会显示这样的信息:“你好!欢迎光临www. worm. com!”随后病毒便会主动寻找其他易受攻击的主机进行感染。这个行为持续大约20天,之后它便对某些特定IP地址发起拒绝服务攻击。不到一周,红色代码感染了近40万台服务器,100万台计算机受到攻击,总共给全球带来的损失约26亿美元。

巨无霸病毒(2003年)通过局域网传播。它通过查找局域网上的所有计算机,试图将自身写入局域网上各计算机的启动目录中以进行自启动。该病毒一旦运行,在联网的状态下,计算机就会自动每隔两小时到某一指定网址下载病毒,同时它会查找电脑硬盘上所有邮件地址,向这些地址发送标题如“Re:Movies”“Re:Sample”等字样的病毒邮件进行邮件传播,并将用户的隐私内容发到指定的邮箱。由于邮件内容的一部分来自被感染电脑中的资料,因此有可能泄露用户的机密文件,特别是对利用局域网办公的企事业单位(最好使用网络版杀毒软件以防止重要资料被窃取)。巨无霸病毒给全球造成的损失高达50亿~100亿美元。

MyDoom病毒(2004年)是一种比巨无霸病毒更厉害的病毒,于2004年1月26日暴发,在高峰时期导致网络加载时间增加50%以上。它会自动生成病毒文件,修改注册表,通过电子邮件进行传播,并且会尝试从多个URL下载并执行一个后门程序,如下载成功会将其保存在Windows文件夹中,名称为winvpn32. exe。该后门程序允许恶意用户远程访问被感染的计算机。病毒使用自身的SMTP引擎向外发送携毒邮件进行传播。病毒会从注册表的相关键值下和多种扩展名的文件中搜集邮件地址,还会按照一些制订的规则自己生成邮件地址,并向这些地址发送携毒邮件。病毒同时会略去有特定字符的邮件地址。MyDoom病毒给全球带来了百亿美元的损失。

熊猫烧香病毒(2006年)在2006年年底大规模暴发,它能够终止大量的反病毒软件和防火墙软件进程。病毒会删除扩展名为gho的文件,使用户无法使用ghost软件恢复操作系统。“熊猫烧香”感染系统的*. exe、*. com、*. pif、*. src、*. html、*. asp文件,导致用户一打开这些网页文件,IE就会自动连接到指定病毒网址中下载病毒,并在硬盘各分区下生成文件

autorun.inf 和 setup.exe。病毒还可通过 U 盘和移动硬盘等进行传播，并且利用 Windows 系统的自动播放功能来运行。该病毒还可以修改注册表启动项，将被感染的文件图标变成“熊猫烧香”的图案。病毒还可以通过共享文件夹、系统弱口令等多种方式进行传播。熊猫烧香病毒给全球造成了上亿美元的损失。

WannaCry 勒索病毒(2017 年)入侵计算机后，用户主机内的照片、图片、文档、音频、视频等几乎所有类型的文件都将被加密，加密文件的后缀名被统一修改为.WNCRY，并会在桌面弹出勒索对话框，要求受害者支付价值数百美元的比特币到攻击者的比特币钱包，且赎金金额还会随着时间的推移而增加。

2. 隐私泄露 从网络病毒的发展来看，网络病毒的目标和对象已经从个人转向商业团体，甚至国家。其造成的隐私泄露主要对个人造成深远影响，不仅涉及经济利益的损害，还涵盖了个人社会声誉的严重损害。泄露的信息主要包括基本信息、设备信息、账户信息、社会关系信息和网络行为信息等。下面介绍一些隐私泄露案例。

雅虎承认系统曾在 2013 年遭到黑客攻击，并被窃取了大约 10 亿个账号，这一数字几乎是全部雅虎用户的数量。用户的姓名、生日、邮箱地址、密码、电话、安全问题和答案全部被泄露。2013 年 2 月 6 日晚，路透社的报道称，美联储内部网站曾短暂被黑客入侵，但央行的关键功能并未受到此次入侵影响。

2014 年 7 月 28 日，乔纳森·扎德尔斯基(Jonathan Zdziarski)在黑客大会上披露，苹果的 iOS 系统存在若干“后门”，黑客可以在用户不知情的情况下获取用户的个人隐私信息。美国苹果公司承认，该公司员工可以通过一项未曾公开的技术获取 iPhone 用户的短信、通讯录和照片等个人数据。但苹果同时声称，该功能的权限仅向企业的 IT 部门、开发者和苹果维修人员开放，且获取这些受限制的数据需要用户授权并解锁设备。

2018 年，万豪国际集团遭遇超大规模数据泄露，涉及约 5 亿名客人在 2018 年 9 月 10 日或之前在喜达屋酒店进行预订的信息。这些客人中约有 3.27 亿人的信息包括姓名、邮寄地址、电话号码、电子邮件地址、护照号码、SPG 俱乐部账户信息、出生日期、性别、到达与离开信息、预订日期和通信偏好。

还有很多类似的大规模数据泄露事件，比如 Adobe 公司在 2013 年 10 月泄露了约 3800 万活跃用户的 ID 和密码，几周后，除了 Adobe 的几个产品的源代码泄露外，黑客还公布了大量用户的个人信息，包括银行卡信息。2011 年 3 月，RSA 公司遭遇网络攻击。2015 年，黑客入侵美国人事管理局系统，约 400 万现任和前雇员个人信息泄露。美国国会众议院监管和政府改革委员会的一份报告指出，这次的数据泄露将影响美国的国家安全，而且还将持续影响几代人。

在高校教学科研实验室和社会科研机构，也曾发生不少隐私泄露的安全事件。

案例一：在某高校生物实验室，研究人员正在开展一项关于基因与疾病关联的研究。参与者提供了血样并签署了知情同意书，同意其数据仅用于科研目的。然而，由于实验室内部的安全管理存在疏忽，一份包含数百名参与者基因数据的电子文档被误置于公共服务器上，未设置任何访问限制。不久后，这份文档被外部人员发现并下载，其中包含的信息包括参与者的姓名、身份证号、基因序列以及潜在的疾病风险。这一事件导致参与者面临隐私泄露的风险，可能遭受歧视、诈骗等不良影响。

案例二：某医学院医学实验室收集了大量患者样本，用于研究某种罕见疾病的发病机制。这些样本信息储存在医院的电子病历系统中，但系统存在安全漏洞。黑客利用这些漏洞，成功入侵系统并获取了数千份患者的个人信息和医疗记录。泄露的数据包括患者的姓名、年龄、联系方式、诊断结果、治疗方案以及详细的检验报告。这些信息被用于非法目的,如身份盗窃、敲诈勒索等,给患者带来了极大的困扰和损失。

案例三:某高校计算机实验室负责一项关于网络安全技术的研究项目。然而,实验室的网络防护措施存在严重缺陷,未能有效抵御外部攻击。黑客利用这些漏洞,成功入侵实验室的网络系统,获取了大量敏感数据和研究资料。此外,黑客还利用实验室的网络资源进行了进一步的攻击活动,导致学校其他部门的网络系统也受到影响。这一事件不仅破坏了实验室的研究工作,也给学校的声誉和网络安全带来了严重影响。

这些案例说明了教学或科研实验室要重视隐私保护和数据安全。实验室和相关机构应加强对敏感信息的保护和管理,完善安全防护措施,确保研究工作的顺利进行和参与者隐私的安全。

3. 国家安全 除了针对个人和商业团体,国家安全也是网络安全的一个重要方面,被称为第五战场。下面介绍几个关于威胁国家安全的案例。

通过网络攻击打击对手的国家基础设施是现代战争的一个重要作战手段。它可以造成生产停止、通信中断、交通瘫痪、能源供给不足等重大损失,且其破坏性远胜于常规炮火的打击,甚至可以决定战争的走势。实验数据的泄露,也会引发公共安全和国家安全问题。

案例一:某知名大学的教学实验室因网络安全防护不当,大量敏感科研数据被非法获取。这些数据涉及国防、能源等重要领域,一旦泄露,可能对国家安全和利益造成重大损害。事件发生后,相关部门立即展开调查,并对涉事人员进行严肃处理。

案例二:某科研机构的内部网络遭到黑客攻击,攻击者利用漏洞获取了实验室的敏感数据和研究成果。这些数据涉及国防科技的关键技术,其泄露可能对我国在相关领域的领先地位造成威胁。该事件提醒我们,科研机构的网络安全防护必须得到足够重视。

案例三:某国防实验室的远程控制设备因密码设置过于简单,被黑客轻易破解并劫持。黑客利用这些设备对国防实验室内部的网络进行了全面扫描,并尝试窃取敏感数据。幸运的是,实验室的安全人员及时发现并阻止了黑客的进一步行动,避免了可能的安全风险。

案例四:某国防科研单位的内部网络遭到不明身份的攻击者入侵,攻击者尝试窃取涉及国防安全的敏感数据和研究成果。该事件引起了相关部门的高度重视,并立即启动了应急响应机制。经过调查,发现攻击者利用了网络协议中的漏洞进行入侵。此次事件再次强调了加强网络安全防护的重要性。

这些案例都强调了教学和科研实验室网络安全对于国家安全的重要性。为防范此类事件的发生,我们需要强化网络安全意识、提升安全防护能力、加强安全管理和监管等方面的工作。同时,也需要加强国际合作,共同应对网络安全威胁和挑战。

4. 网络安全与生物安全 网络安全旨在保护和恢复网络,保护网络设备和程序免受任何类型的网络攻击的状态或过程。生物安全旨在保护人类和动物免于疾病或有害生物制剂的程序。2016年,习近平在网络安全和信息化工作座谈会上提到,在信息时代,网络安全对国家安全牵一发而动全身,同许多其他方面的安全都有着密切关系。当前,前沿生物科技创新,越来越依赖全球高端仪器装备(及供应链)和计算机网络。高通量测序技术、生物大数据技术、合成生物学等使能工具的应用,标志着生物科技研究方法体系向自动化、信息化、智能化、工程化转型。2009年,美国国家研究理事会发布的《21世纪的“新生物学”:如何确保美国引领即将到来的生物学革命》报告强调“信息是新生物学的基本单元”。生物科技研发的数字化是大势所趋。

网络安全与生物安全关注数据泄露风险、数字经济风险、公共健康风险、国际安全风险。2015 年,美国发生了历史上最大的医疗保健数据泄露,导致大约 8000 万人的个人信息可能会受到影响。

网络安全性不足,会导致数字化生物信息相关的知识产权和专有信息损失。如存储在计算机上的 DNA 序列数据被黑客攻击甚至将数据武器化,或以其他方式被滥用;或黑客利用生物数据库来设计或重建病原体,通过侵入序列数据库或以数字方式设计新的 DNA 分子破坏原本数据的完整性,从而干扰公共健康和生物安全系统。

生物医药制药行业的公司拥有价值数十亿美元的数据,通常包括机密知识产权、药物研发数据、药物和开发的专有信息以及患者的临床试验数据,因此制药行业成为网络犯罪分子极具吸引力的目标。网络技术的漏洞和生物安全威胁的融合,可能会对新兴生物疗法、基因编辑技术以及生物制药造成干扰。

以色列内盖夫本古里安大学的研究人员近期发现了一种新型的网络生物学攻击方式,被称为 DNA 注入攻击。这种攻击方式使得恶意软件或生物黑客能够在不接触实际危险物质的情况下,只需通过远程操作替换生物工程师计算机上的 DNA 片段即可实施攻击。

具体来说,生物工程师在准备下单合成用于制备活体蛋白质的基因时,攻击者使用恶意软件感染生物工程师的计算机。这些恶意软件能够识别并替换原基因合成订单中的部分或全部基因序列,将其篡改为致病微生物的基因序列。通过这种方式,攻击者能够成功规避基因合成供应商的有害基因合成筛查软件的安全检测,使包含致病微生物基因的订单得以通过并获得生产许可。

这种新型网络生物学攻击的危险性在于,它可能导致生物工程师在不知情的情况下制备出致病微生物。这些致病微生物可能包括引发严重疾病的病毒,如脊髓灰质炎病毒等。一旦这些微生物被制备出来,它们有可能被用于生物恐怖主义活动或其他恶意行为,对公众健康和国家安全构成严重威胁。

为了应对这种新型网络生物学攻击,研究人员呼吁加强网络安全防护,特别是在生物工程和合成生物学领域。这包括加强生物工程师的网络安全培训,提高他们对网络攻击的认识和防范能力;同时,也需要改进基因合成供应商的安全筛查软件,以更好地识别和拦截恶意攻击。

此外,政府和相关机构也需要加强对这类网络生物学攻击的监管和打击力度,确保生物工程和合成生物学领域的安全和稳定。这包括建立更加完善的法律法规体系,对违法行为进行严厉打击和处罚;同时,也需要加强国际合作,共同应对这一全球性的安全挑战。

网络生物安全融合网络安全,源于并超越生物武器、重大传染病、生物科技两用等经典生物安全框架,以一种颠覆性力量横贯生物科技创新链和产业链,并与国际网络军备、生物军控相互交融,成为影响国际战略稳定的新兴变量。科技系统、卫生部门、农业部门、海关部门、商业系统的生物信息资源集成、技术与物项的监测监管信息平台,很有可能成为网络生物安全的新兴风险点。传统生物安全只关注特定的生物产品(重大烈性病原体或毒素)和前沿技术的终端应用、局部物项等范围,而新兴的网络生物安全关注整个生物科技研发和产业链条中的每个环节,聚焦工具方法安全问题、过程安全问题、科技安全问题、全产业链安全问题。这使得“生物安全”概念的内涵和外延显著拓展。

网络安全对生物安全非常重要,生物安全会不会也影响到网络安全呢?2017 年,美国华盛顿大学的研究人员发现,人工合成的 DNA 系列能够携带恶意编码信息。这一发现不仅突破了生物学与计算机科学之间的界限,也引发了人们对生物安全与网络安全新挑战的深思。

具体来说,恶意攻击者成功地利用 DNA 合成技术,将一段经过特殊设计的编码信息嵌入人工合成的 DNA 序列中。这段编码信息不是普通的生物遗传指令,而是类似于计算机程序中的恶意代码。通过特定的解码手段,这段信息可以被提取出来并转化为可执行的指令,触发恶意软件,继而破坏基因测试软件、控制底层计算机系统,导致生物信息基础设施在面临传统网络安全威胁的同时还面临一条极具针对性的受攻击渠道。这种攻击技术叫作 DNA“特洛伊木马”数字攻击。

这一发现的潜在影响是深远的。首先,它表明恶意攻击者有可能利用 DNA 合成技术,将恶意编码信息嵌入生物样本中,从而实现隐秘的信息传输或执行特定的破坏任务。这可能导致生物实验室、制药公司或医疗机构等成为潜在的攻击目标。其次,由于 DNA 是生物体遗传信息的载体,恶意编码信息可能会对生物体的正常功能造成干扰。例如,如果恶意编码信息被设计用于干扰基因表达或破坏细胞功能,那么它可能会对生物体的健康造成危害。这一发现也引发了对于生物安全监管的重新审视。传统的生物安全监管主要关注于生物病原体的传播和生物恐怖主义的防范,但对于利用 DNA 合成技术进行的信息攻击却缺乏相应的监管措施。因此,需要加强对这类新型攻击方式的识别和防范,以确保生物实验室和相关机构的安全。

为了应对这一挑战,研究人员和政府部门正在积极探索新的技术和策略。例如,开发更加先进的 DNA 检测技术,以识别和拦截携带恶意编码信息的 DNA 序列;加强生物实验室的信息安全管理,防止恶意攻击者利用计算机系统进行 DNA 合成;以及制定更加严格的生物安全法规,对利用 DNA 合成技术恶意攻击的行为进行严厉打击。

8.1.3 网络安全技术

上文已经讨论了网络中存在的各种威胁,下面将介绍一些常见的网络攻击技术以及相关的网络安全防御技术。

(1) 网络攻击技术:常见的网络攻击技术如下。

①口令窃取,即通过窃取用户的口令进入系统。很大比例的系统入侵是由口令系统失效造成的。窃取口令的方法多种多样,包括前面讲述的钓鱼邮件。口令失效最常见的原因就是人们选择不够安全的口令作为登录密码。

②欺骗攻击:包括仿冒身份、仿冒地址、仿冒设备等,目的是获取被欺骗者的数据或信息。

a. 缺陷和后门攻击:攻击者利用操作系统存在的漏洞或软件系统存在的漏洞等进入系统进行破坏。

b. 登录认证攻击:通过暴力或者密钥破解方式获取用户账户密码或者直接进入系统。

c. 协议缺陷:网络中的协议在设计初期更多考虑可靠性和效率而忽略了安全性问题,导致协议本身存在安全缺陷,这些缺陷的存在会直接导致攻击的发生,且很难防范。

d. 信息泄露:攻击者通过技术和非技术手段获取个人或团体的隐私或机密信息,并进一步利用。

e. 加密攻击:通过加密方式对用户资料进行加密,如勒索攻击,或者对加密信息进行解密,获取机密数据。

f. 拒绝服务攻击:实际上是利用协议缺陷进行攻击的一种,但其攻击范围广泛,发生频率较高,且难以防御。

g. 不良信息传播:可能不需要技术手段,但违反法律、道德,且会产生严重的后果。

(2) 网络安全防御技术:相应于网络攻击技术,网络安全防御技术通常包括认证/鉴别技术、访问控制技术、数据保密性技术、数据完整性技术、不可否认性/抗抵赖性技术这几个类别。

①认证/鉴别技术：提供对通信中的对等实体和数据来源的鉴别。

②访问控制技术：防止对资源的非授权访问以保护系统资产。

③数据保密性技术：旨在保护数据，使之不被非授权地泄露。

④数据完整性技术：保证收到的数据确实是授权实体所发出的数据（即没有修改、插入、删除或重发）。

⑤不可否认性/抗抵赖性技术：旨在防止整个或部分通信过程中，任意一个通信实体进行否认的行为。

发现网络安全事件的途径通常有三种：网络（系统）管理员通过技术监测发现、通过安全产品报警发现、事后分析发现。导致网络安全事件的原因通常是未修补/防范软件漏洞、弱口令以及网络或软件配置错误。

网络管理有防御体系，为何还能遭受攻击呢？一方面，攻击是点，防御是面，很难做到面面俱到；另一方面是管理问题，尤其涉及人员的管理，许多网络安全事件可归因于缺乏安全意识和安全管理不足。而构建网络安全的基础，核心在于树立强烈的法律意识并实施严格的管理措施，这直接体现在对网络安全相关法律的遵守与执行上。

8.1.4 网络安全相关法律

从“棱镜门”事件可以看出，美国利用信息技术的垄断性优势，推行统治网络空间的网络霸权，严重侵犯国家安全。2021 年 5 月 7 日，科洛尼尔管道运输公司遭受勒索软件攻击，这是美国历史上关键基础设施遭受的最大规模的黑客攻击，美国首次因网络攻击而宣布进入国家紧急状态。2014 年 2 月 27 日，中央网络安全和信息化领导小组成立，习近平总书记任组长，指出：没有网络安全，就没有国家安全。党的十八大以来，习近平总书记高度重视网络安全和信息化工作，从信息化发展大势和国际国内大局出发，提出了一系列新思想新观点新论断，深刻回答了一系列方向性、根本性、全局性、战略性重大问题，形成了内涵丰富、科学系统的习近平总书记关于网络强国的重要思想。近年来，我国加快推进网络安全领域顶层设计，国家网络安全相关法律密集出台，包括《中华人民共和国网络安全法》《中华人民共和国密码法》《中华人民共和国数据安全法》《中华人民共和国个人信息保护法》。我国在网络安全和数据治理方面的立法体系不断构建完善，为开展网络安全和数据治理工作提供了充分的立法保障。

(1)《中华人民共和国网络安全法》:《中华人民共和国网络安全法》（以下简称《网络安全法》）是我国第一部全面规范网络安全管理方面问题的基础性法律，由全国人民代表大会常务委员会于 2016 年 11 月 7 日通过，自 2017 年 6 月 1 日起施行。《网络安全法》确立了三个基本原则，即网络空间主权原则、网络安全与信息化发展并重原则、共同治理原则。《网络安全法》服务于国家网络安全战略和网络强国建设，提供维护国家网络主权的法律依据，构建我国首部网络空间管辖基本法，助力网络空间治理，护航数字经济，在网络空间领域贯彻落实依法治国精神。

近年来，警方查获曝光的大量案件显示，公民个人信息的泄露、收集、转卖，已经形成了完整的黑色产业链。诈骗分子通过非法手段获取公民个人信息，包括姓名、电话、家庭住址等详细信息后实施精准诈骗，令人防不胜防。《网络安全法》规定：网络产品、服务具有收集用户信息功能的，其提供者应当向用户明示并取得同意；网络运营者不得泄露其收集的个人信息；任何个人和组织不得窃取或者以其他非法方式获取个人信息，不得非法出售或者非法向他人提供个人信息。网络安全法作为网络领域的基础性法律,聚焦个人信息泄露,不仅明确了网络产品服务提供者、运营者的责任,而且严厉打击出售贩卖个人信息的行为,对于保护个人信息安全,将起到积极作用。

《网络安全法》针对新型网络诈骗犯罪规定:任何个人和组织不得设立用于实施诈骗,传授犯罪方法,制作或者销售违禁物品、管制物品等违法犯罪活动的网站、通信群组,不得利用网络发布涉及实施诈骗,制作或者销售违禁物品、管制物品以及其他违法犯罪活动的信息。这些规定,不仅对诈骗个人和组织起到震慑作用,更明确了互联网企业不可推卸的责任。

《网络安全法》以法律的形式对"网络实名制"做出规定:网络运营者为用户办理网络接入、域名注册服务,办理固定电话、移动电话等入网手续,或者为用户提供信息发布、即时通信等服务,在与用户签订协议或者确认提供服务时,应当要求用户提供真实身份信息。用户不提供真实身份信息的,网络运营者不得为其提供相关服务。网络服务提供商要落实主体责任,加强审核把关。

《网络安全法》规定,不得危害网络安全,不得利用网络从事危害国家安全、荣誉和利益,煽动颠覆国家政权、推翻社会主义制度,煽动分裂国家、破坏国家统一,宣扬恐怖主义、极端主义,宣扬民族仇恨、民族歧视,传播暴力、淫秽色情信息,编造、传播虚假信息扰乱经济秩序和社会秩序,以及侵害他人名誉、隐私、知识产权和其他合法权益等活动。发现他人有危害网络安全的行为时,我们应该向网信、电信、公安等部门举报。

(2)《中华人民共和国密码法》:2019年10月26日,第十三届全国人民代表大会常务委员会第十四次会议通过《中华人民共和国密码法》(以下简称《密码法》)。《密码法》总共五章四十四条,是国家安全法律体系的重要组成部分。《密码法》旨在规范密码应用和管理,促进密码事业发展,保障网络与信息安全,维护国家安全和社会公共利益,保护公民、法人和其他组织的合法权益。

《密码法》明确对核心密码、普通密码与商用密码实行分类管理的原则,注重把握职能转变和"放管服"要求与保障国家安全的平衡,注意处理好《密码法》与《网络安全法》《中华人民共和国保守国家秘密法》等有关法律的关系,是总体国家安全观框架下,国家安全法律体系的重要组成部分。《密码法》的实施提升了密码工作的科学化、规范化、法治化水平。

(3)《中华人民共和国数据安全法》:2021年6月10日,第十三届全国人民代表大会常务委员会第二十九次会议通过《中华人民共和国数据安全法》(以下简称《数据安全法》),自2021年9月1日起正式施行。《数据安全法》是为了规范数据处理活动,保障数据安全,促进数据开发利用,保护个人、组织的合法权益,以及维护国家主权、安全和发展利益而制定的法律。《数据安全法》是我国数据安全领域的首部基础性法律,也是国家安全领域的一部重要法律,标志着我国以数据安全保障数据开发利用和产业发展全面进入法治化轨道。

《数据安全法》有四大亮点。第一,它明确强调在坚持总体国家安全观的前提下维护数据安全,并设立国家数据安全工作的决策和议事协调机制,基于此,该部法律将成为我国各类公权力机关统筹应对国家数据安全风险的法律根基与有效工具。第二,它厘定数字经济时代安全与发展之间的双向促进与辩证统一关系,具体来看,依据该部法律第十三条规定,"数据开发利用和产业发展"有利于促进"数据安全",而"数据安全"又反过来有利于保障"数据开发利用和产业发展"。第三,它注重确保社会公众能够全面与有效获取数字经济发展红利,并防范弱势群体由于数字经济技术迭代发展而处于困境。依据该部法律第十五条规定,提供智能化公共服务,应当充分考虑老年人、残疾人的需求。第四,它明确设定了国际贸易交往领域的对等反制原则。依据该部法律第二十六条规定,如果任何国家或地区在与数据和数据开发利用技术有关的投资、贸易等方面对我国采取歧视性措施,我国可以根据实际情况对等采取措施。

(4)《中华人民共和国个人信息保护法》:2021 年 8 月 20 日,《中华人民共和国个人信息保护法》(以下简称《个人信息保护法》)正式发布,于 2021 年 11 月 1 日起施行。个人信息保护关乎国计民生,明确被纳入《民法典》人格权保护范围,但是个人信息泄漏乱象频发,因此,结合国际通行实践,对个人信息保护专门立法,规范个人信息处理活动,保障个人信息的有序流通,对我国发展数字经济、数字社会、数字政府具有重要意义。

《个人信息保护法》确立个人信息保护原则、规范处理活动以保障权益、禁止"大数据杀熟"以规范自动化决策、严格保护敏感个人信息、规范国家机关处理活动、赋予个人充分权利、强化个人信息处理者义务、赋予大型网络平台特别义务、规范个人信息跨境流动、健全个人信息保护工作机制,统合私主体和公权力机关的义务与责任,兼顾个人信息保护与利用,奠定了我国网络社会和数字经济的法律之基。

8.2 网络安全防范

在日常工作学习中,我们常面临一些常见的网络安全问题,下面以问答形式介绍 11 种场景下相应的网络安全防护措施。

(1) 使用电脑的过程中应采取什么防护措施?

①安装防火墙和杀毒软件,并经常升级。

②注意经常给系统打补丁,修复软件漏洞。

③不要访问一些不太了解的网站。

④不要执行从网上下载后未经杀毒软件处理的程序。

⑤不要打开聊天软件上传送过来的不明文件等。

(2) 如何防范 U 盘、移动硬盘泄密?

①及时查杀木马与病毒。

②从正规商家购买可移动存储介质。

③定期备份并加密重要数据。

④不要将办公与个人的可移动存储介质混用。

(3) 如何设置 Windows 系统开机密码?

①使用鼠标点击"开始"菜单中的"控制面板"下的"用户账户"。

②点击"创建密码",输入两遍密码后按"创建密码"按钮即可。

(4) 如何将网页浏览器配置得更安全?

①设置统一、可信的浏览器初始页面。

②定期清理浏览器中本地缓存、历史记录以及临时文件内容。

③利用杀毒软件对所有下载资源及时进行恶意代码扫描。

(5) 计算机中毒有哪些症状?

①文件打不开。

②经常报告内存不够。

③提示硬盘空间不够。

④经常死机。

⑤出现大量来历不明的文件。

⑥数据丢失。

⑦系统运行速度变慢。

⑧操作系统自动执行操作。

(6) 为何不能轻易打开陌生的网页、链接或附件?

不明来历的网页、链接、附件中很可能隐藏着大量的病毒、木马,一旦打开,这些病毒、木马会自动进入电脑并隐藏在电脑中,造成文件丢失、损坏甚至导致系统瘫痪。

(7) 接入移动硬盘或U盘后为何要先进行扫描?

外接存储设备也是信息存储介质,所存的信息很容易带有各种病毒,如果将带有病毒的外接存储介质接入电脑,很容易将病毒传播到电脑中。

(8) 如何安全地使用Wi-Fi?

警惕公共场所免费的无线网络,尤其是一些和公共场所内已开放的Wi-Fi同名的无线网络。在公共场所使用陌生的无线网络时,尽量不要进行与资金有关的银行转账与支付。

(9) 如何安全地使用智能手机?

①为手机设置访问密码,以防智能手机丢失时,犯罪分子可能会获得通讯录、文件等重要信息并加以利用。

②不要轻易打开陌生人通过手机发送的链接和文件。

③为手机设置锁屏密码,并将手机随身携带。

④在QQ、微信等应用程序中关闭地理定位功能,并仅在需要时开启蓝牙。

⑤经常为手机数据做备份。

⑥安装安全防护软件,并经常对手机系统进行扫描。

⑦到权威网站下载手机应用软件,并在安装时谨慎选择相关权限。

⑧不要试图破解自己的手机,以保证应用程序的安全性。

(10) 如何保护手机支付安全?

①利用手机中的各种安全保护功能,为手机、SIM卡设置密码并安装安全软件,减少手机中的本地分享,对程序执行权限加以限制。

②谨慎下载应用,尽量从正规网站下载手机应用程序和升级包,对手机中的Web站点提高警惕。

③禁用Wi-Fi自动连接到网络功能,因为使用公共Wi-Fi有可能被盗用资料。

④下载软件或游戏时,应详细阅读授权内容,防止将木马或病毒带到手机中。

⑤勿见二维码就刷。

(11) 如何防范骚扰电话、诈骗、垃圾短信?

①克服“贪利”思想,不要轻信,谨防上当。

②不要轻易将自己或家人的身份、通信信息等家庭、个人资料泄露给他人,对涉及亲人和朋友求助、借钱等内容的短信和电话,要仔细核对。

③接到培训通知、以银行信用卡中心名义声称银行卡升级、招工、婚介类等信息时,要多做调查。

④不要轻信涉及加害、举报、反洗钱等内容的陌生短信或电话,既不要理睬,更不要为“消

灾”将钱款汇入犯罪分子指定的账户。

⑤到银行自动取款机(ATM 机)存取遇到银行卡被堵、被吞等意外情况时,应认真识别自动取款机“提示”的真伪,不要轻信,可拨打“95516”银联中心客服电话的人工服务台了解查问。

⑥对于广告“推销”特殊器材、违禁品的短信和电话,应不予理睬并及时清除,不要汇款购买。

8.3 社会工程学

8.3.1 社会工程学概述

社会工程学致力于构建理论框架,旨在通过自然、社会及制度层面的途径,并特别强调依据实际情境的双向规划与设计经验,以更加有效地解决社会问题。社会工程学是利用人的粗心、轻信、疏忽、警惕性不高来操纵其执行预期的动作或泄露机密信息的一门艺术与学问。社会工程学不等同于欺骗、诈骗。首先,两者手段不一样,社会工程攻击比较复杂,再小心的人也可能被高明的手段损害利益。其次,两者层次不一样,社会工程攻击会根据实际情况,进行心理战。最后,两者目的不一样,社会工程攻击其目的是获得信息系统的访问控制权,从而得到机密信息并从中获利。

社会工程学将“社会”和“工程”两个词结合起来,是一门涉及人、自然科学理论和相关工程应用的艺术或科学。社会工程学由来已久,涉及生活的各个方面。随着网络和通信技术的进步,社会工程学在网络空间中取得了飞速的发展,一些网络攻击者将社会工程学延伸到网络攻击中,以更好地实施网络攻击。2002 年凯文·米特尼克在《欺骗的艺术》一书中正式提出了网络安全中社会工程学的概念:通过自然的、社会的和制度上的途径,利用人的心理弱点(如人的本能反应、好奇心、信任、贪婪)以及规则制度上的漏洞,在攻击者和被攻击者之间建立起信任关系,获得有价值的信息,最终可以通过未经用户授权的路径访问某些敏感数据和隐私数据。

在日常生活中,会出现银行卡被盗刷、公司被刷钱、数据出现在黑市、各种身份证和户口本出现在黑色产业链、各种产品的源代码出现在不法地域;百度账号、QQ 号、微信号会暴露搜索记录;通过一个简单的电话就能获取到用户的生日进而去推测用户的密码;通过一张普通的照片就能获取用户的地理位置信息;通过一个人的微博、微信朋友圈、QQ 空间可以分析出很多用户个人信息;通过手机号码、身份证号码可以查询归属地,通过 IP 地址可以大致分析出一个人的位置;下载一些 App 后把电话存入通讯录,使用通讯录功能时,这些 App 竟然会帮用户找到其使用的其他账号等情况。了解并学习社会工程学,了解社会工程人员的思路和欺诈的方式,可以让人们对周围发生的事情更为警觉,而知道这些方法如何被运用,也是唯一能防范和抵御这类型入侵攻击的方式。

8.3.2 社会工程攻击的形式

常见的社会工程攻击的形式包括信息收集、诱导、伪装、施加影响等。

(1) 信息收集:通过各种手段去获取机构、组织、公司的一些不敏感信息。这是因为不敏感信息容易获取,且能够降低攻击者被发现的风险。不敏感信息通常包括某些关键任务的资料(如部门职位、邮箱、手机号、座机分号等)、机构内部某些操作流程步骤(如报销流程、审批流程等)、机构内部的组织关系(隶属关系、业务往来、职权划分、强势还是弱势等)以及机构内部常用的术语和行话。

信息收集的方式有很多种，比如通过搜索引擎、微博信息或其他社交网络获取目标信息，或是通过踩点、网络钓鱼、目标信息管理缺陷等方式收集信息。有时采用一些简单的信息收集方式，如通过使用QQ、微信等即时通信工具套取信息。除了这些简单的信息收集方式之外，还存在一些复杂的方法收集信息，比如通过社交网站、购物网站遗留信息进行人肉搜索以获取目标信息。

(2) 诱导：引出、套出或者得出一个逻辑上的结论(如某种事实)，或者指一种引发或者诱发某种特定类型行为的刺激。诱导成功的关键因素是要表现得自然，同时拥有足够的知识，并切忌贪婪。社会工程人员为了让目标对象做某件事，会对其采取一系列的诱导措施。具体而言，他们采用各种方法，目的都是获取信息，随后利用这些信息引导目标对象采取社会工程人员所期望的行动。

诱导交谈的方法包括表达共同的兴趣、故意说错、主动提供信息、假装高深以及利用酒精的影响等。诱导的优势在于其有效性、很难察觉及不具有威胁性。如一个诱导交谈的场景中。攻击者："你的工作一定很重要，某某认为你很厉害"。目标对象："谢谢，谬赞了，但是我的工作并不那么重要，也就是…"精心的吹捧会促使他人说出一些未透露过的信息，这正是社会工程人员想要的结果。

(3) 伪装：创造虚构的场景以劝说目标受害者泄露信息或者做出某种行为。伪装能获得信任、好感或同情，或能够树立权威性。假冒的方法通常包括选择一个合适的身份(秘书、同学、新员工、前台等)、粉饰外表(磁性的嗓音、柔情的语言、仪表堂堂、气质非凡等)、交谈表现得自然且拥有足够的知识。伪装的原则：调查得越充分，成功的概率越大；植入个人爱好会提高成功率；练习方言或者表达方式；伪装得越简单，成功率越高等。

(4) 施加影响：施加影响的方式通常包括博取好感、通过互惠互利骗取好处、通过社会认同来制造影响、通过权威来施加压力。

①博取好感：通过外在特征的"光环效应"可以博取好感，比如以貌取人、以名取人(如明星的人品)等，也可以通过相似性博取好感(如同学、同乡、校友、经历等)。

②通过互惠互利骗取好处：社会工程人员也经常使用投桃报李法获取目标信息，通过小恩小惠索取回报。

③通过社会认同来制造影响：综艺节目为了娱乐效果而添加的笑声、大众认为好评多的物品一定好、人多的餐馆一定好吃等都是利用社会认同来制造影响的例子。

④通过权威来施加压力：利用有影响力的人物(专家、总裁秘书、官员等)或使用威胁、恐吓等手段对目标施加压力而造成影响。

除了以上四种社会工程攻击形式外，还有一些其他形式的攻击，比如反向社会工程、密码心理学、网络钓鱼。反向社会工程是指攻击者通过技术或者非技术的手段给网络或者计算机应用制造"问题"，使其公司员工深信，诱使工作人员或网络管理人员透露或者泄漏攻击者需要获取的信息。这种方法比较隐蔽，很难发现，危害特别大，不容易防范。密码心理学是指人们设置密码通常含有中文姓名拼音、常用数字、生日等信息，这样攻击者一旦进行充分信息收集，很容易破解受害者密码；网络钓鱼是指通过大量发送声称来自银行或其他知名机构的欺骗性垃圾邮件，意图引诱收信人给出敏感信息(如用户名、口令、账号ID、PIN码(个人身份识别码)或信用卡详细信息)。

8.3.3 社会工程攻击的主要方法

社会工程攻击的主要方法包括电话攻击、邮件攻击、公开信息分析、监窥攻击、供应链攻击、存储攻击、中间人攻击。

(1) 电话攻击:主要通过语音电话诈骗、短信电话攻击、电话定位、来电号码伪造等攻击手段,对攻击对象进行行为诱导、操控、窃取等。

防范电话攻击:从技术上,采用多因认证方式确认短信发送公司(人)真实性;从管理上,谨慎透露个人信息,禁止手机安装非官方商店应用;从个人角度,应切忌“喜从天降”,保持平常心。

(2) 邮件攻击:主要通过邮件钓鱼、木马感染、身份冒用、服务器劫持等攻击手段,渗透进入终端或企业网络后进行信息采集、篡改、破坏等。

防范邮件攻击:从技术上,采用多因认证方式确认邮件发送公司(人)真实性;从管理上,关键岗位动作执行应制定“一人执行、一人复核”的规范;从个人角度,删除可疑电子邮件或未知联系人发来的邮件,不打开或运行其附件。

(3) 公开信息分析:通过收集网上公开的信息、图片、照片,配合使用网络工具等,从中获取个人信息、隐私及人物画像等数据。

防范公开信息分析:从技术上,清除互联网网站、社交 App 及搜索引擎中的相关个人信息;从管理上,审核个人发布信息以确保不包含隐私信息,不上传高清版本数据、图片等资料;从个人角度,不将隐私信息备份在互联网上。

(4) 监窥攻击:通过器材、软件、人员等手段,完成客观信息监窥、采集、盗取等动作,并持续发生社会及网络安全效应。

防范监窥攻击:从技术上,关闭所有 App 对麦克风和摄像头的访问授权;从管理上,降低支付二维码、生物标记、电脑桌面等页面的暴露,防止偷拍;从个人角度,手机可以使用防窥膜,发现恶意偷拍、跟踪时及时报警。

(5) 供应链攻击:一种面向软件开发人员和供应商的新型威胁,通过多级供应链风险传递,完成低感知网络安全攻击。比如,某公司接到客户来电,称在使用该公司某软件的时候,调用某模块函数及执行删除文件程序,导致数据丢失。经分析,攻击者为该公司的编程人员,就职时已收到同类竞争软件公司的贿赂,通过盗取研发服务器管理账号后上传“逻辑炸弹”代码,通过攻击软件用户方式导致用户弃用该公司软件,改用其他同功能软件。

防范供应链攻击:从技术上,建立零信任或者代码沙箱,核心代码上传经过审核;从管理上,对关键岗位入职时进行备机审查,做好账号权限安全管理;从个人角度,办公终端不对其他人共享,账号密码符合复杂度要求并定期更新。

(6) 存储攻击:通过物理或逻辑的攻击手段,精准完成特定存储数据的破坏、窃取、篡改等目的。2018 年,瑞典 Digiplex 数据中心气体火灾报警系统伴随着巨大的哨声,声音(波)传播的高频振动引发数据中心磁盘损坏,造成北欧纳斯达克业务中断。这就是通过破坏磁盘进行存储攻击的典型例子。

防范存储攻击:从技术上,根据《信息安全技术　网络安全等级保护基本要求》,落实相关安全防护要求;从管理上,做好数据备份、建立应急响应机制,在发生安全事件后及时自动恢复;从个人角度,进出机房遵循管理规范,杜绝自身成为风险源头。

(7) 中间人攻击:通过拦截网络通信或利用职能、假冒身份等措施,对数据进行篡改和嗅探,而通信双方却不知情。

防范中间人攻击:从技术上,重要数据及物件选取安全、可靠、动态验证的传输渠道;从管理上,审核中间人资质,落实责任追究机制;从个人角度,个人业务选择品牌主流、信誉度高且具备安全资质的数据或物流传输方式。

8.3.4 社会工程攻击的防范

防范社会工程攻击,首先需要从主观意识上重视。社会工程学的精髓在于深刻理解"人"作为关键因素的角色,这启发我们在日常生活中构建一套以人为核心的衡量标准体系。这套标准不仅旨在评估与提升我们的防御机制,更重要的是,它能够促进公众安全意识的觉醒与增强。通过强化个体的安全意识,我们能够从源头上减少因人为疏忽而暴露的漏洞信息,从而有效抵御潜在的社会工程攻击。其次,保护个人信息资料不外传。目前网络环境中,微博、直播、游戏、学习等各种应用中都包含了用户个人注册的信息,其中也包含了很多包括用户名账号密码、电话号码、通信地址等私人敏感信息,是用户无意识泄露敏感信息的重灾区,也是黑客最喜欢攻击的区域。

除此之外,设置一个强大的密码是防范社会工程攻击非常有效的方法。研究者曾探索利用密码字典生成工具,试图创建一个无明显特征的8位密码集合,每个密码包含大小写字母、阿拉伯数字及特殊符号,并遵循四分之三原则。然而,这一尝试的结果令人震惊,生成的密码词典规模庞大至数千TB之巨。若针对上述方法获得的密码进行暴力破解,将消耗难以估量的时间和计算资源,其效率之低,使得在缺乏额外社会工程学信息辅助的情况下,成功破解密码变得极为困难,几乎可视为一项艰巨的挑战。

在平时,可以多了解一些社会工程学的相关知识。随着网络技术的发展,在现在认为安全的行为,随着社会的发展和进步,在将来可能会成为新的被攻击的目标。我们应时刻注意个人信息的保护,不要成为有心人的攻击资源或利用资源。

本章习题

正误判断题

1. 勒索病毒是网络安全中常见的威胁之一,它可能会导致重大的经济损失和声誉损害,因此加强网络安全防护和员工教育对于防范勒索病毒攻击至关重要。(　　)

2. 网络病毒攻击和网络钓鱼都是网络中常见的安全问题。(　　)

3. 网络中的防火墙可以完全阻止所有安全威胁,包括恶意软件和黑客攻击。(　　)

4. 网络生物安全主要关注的是网络环境中生物样本的存储和传输安全,与生物信息编码和基因数据的安全性无关。(　　)

5. 常见的社会工程攻击形式仅包括网络钓鱼和电信诈骗,不涉及其他类型的欺诈手段。(　　)。

6. 乌克兰电力系统停电事件是世界上首例因遭受黑客攻击而造成的大规模停电事件。(　　)

7. 震网病毒需要借助网络连接进行传播。(　　)

8. 拒绝服务攻击的攻击范围广泛,发生频率较高,难以防御。(　　)

9. CIH病毒目前的版本能感染DOS以及WIN 3.X下的可执行文件。(　　)

10. 在使用电脑的过程中,可以直接打开MSN或者QQ等社交软件上传送过来的所有文

件。(　　)

11. 可以混合使用办公与个人的可移动存储介质。(　　)

12. 为防范公开信息分析攻击,需要清除互联网网站、社交 App 及搜索引擎中的相关个人信息。(　　)

13. 网络生物安全主要涉及网络环境中生物样本的实体安全,与生物数据的网络传输和存储安全无关。(　　)

14. 网络生物安全主要关注的是网络环境下生物实验数据的传输和共享,而与生物样本的物理安全无关。(　　)

15. 网络生物安全仅仅关注的是在线生物信息数据库的安全性,与其他网络安全问题无直接关联。(　　)

16. 网络隐私泄露是指个人在网络环境中的私密信息被未经授权的第三方获取或利用。(　　)

17. 网络隐私泄露通常只发生在大型网站或公司,普通个人用户无需担心。(　　)

18. 网络隐私泄露只会发生在个人使用公共无线网络时,使用家庭或公司网络则不会存在隐私泄露的风险。(　　)

19. 实验室数据安全惯例规范只要求实验人员关注实验设备的物理安全,无需关注实验数据保护。(　　)

20. 实验室数据安全管理规范仅涉及数据的存储和备份,不包括数据的传输和使用过程。(　　)

21. 实验室数据安全管理规范仅要求实验室内部人员对数据保密,无需对外来访问人员或合作伙伴进行安全管理。(　　)

22. 在日常工作上网时,使用公共 Wi-Fi 进行敏感信息的传输和处理是安全且方便的做法。(　　)

23. 在日常工作上网时,可以随意点击邮件中的链接或下载附件,无需担心安全风险。(　　)

24. 在日常工作上网时,使用公共 Wi-Fi 无需考虑安全性,因为只是简单地浏览网页,不涉及敏感信息的传输。(　　)

25. 在日常工作中,为了方便记忆,可以将所有工作账号的密码设置为相同或相似的简单密码。(　　)

26. 在办公环境中,使用个人移动设备处理工作邮件和文件是完全安全的,无需担心数据泄露或安全风险。(　　)

27. 只要收到来自银行或金融机构的邮件,要求提供个人信息或进行账户验证,就可以放心地按照邮件中的指示操作,因为这些邮件肯定是真实的。(　　)

28. 网络赌博是一种合法的娱乐方式,只要遵循网站规则,就不会存在任何法律风险。(　　)

29. 网络诈骗通常只针对老年人或缺乏技术知识的群体,对于熟悉互联网的年轻人来说,完全不用担心会遭受网络诈骗。(　　)

30. 如果收到一条来自亲朋好友的紧急求助信息,要求立即转账以解决突发问题,我们应该立即按照要求转账,以确保对方的安全和利益。(　　)

本章习题答案

1. (√) 2. (√) 3. (×) 4. (×) 5. (×) 6. (×) 7. (×)
8. (√) 9. (×) 10. (×) 11. (×) 12. (√) 13. (×) 14. (×)
15. (√) 16. (√) 17. (×) 18. (×) 19. (×) 20. (×) 21. (×)
22. (×) 23. (×) 24. (×) 25. (×) 26. (×) 27. (×) 28. (×)
29. (×) 30. (×)

参考资料

[1] 《中华人民共和国生物安全法》
[2] 《病原微生物实验室生物安全管理条例》(2018 年修订)
[3] 《实验室 生物安全通用要求》(GB 19489—2008)
[4] 《生物安全实验室建筑技术规范》(GB 50346—2011)
[5] 《病原微生物实验室生物安全通用准则》(WS 233—2017)
[6] 《医学生物安全二级实验室建筑技术标准》(T/CECS 662—2020)
[7] 《微生物和生物医学实验室生物安全通用准则》(WS233—2002)
[8] 《农业转基因生物安全管理条例》(2017 年 10 月 7 日修订版)
[9] U.S. Department of Health and Human Services, Centers for Disease Control and Prevention, National Institutes of Health. Biosafety in microbiological and biomedical laboratories [M]. 6th ed. Washington, DC: U.S. Government Printing Office, 2020.
[10] Salerno R M, Gaudioso J. Laboratory biosecurity handbook [M]. Boca Raton: CRC Press, 2007.
[11] Christiansen J L, Olsen K N, Petersen R, et al. An efficient and practical approach to biosecurity [M]. Copenhagen: Centre for Biosecurity and Biopreparedness, 2015.
[12] National Academies of Sciences, Engineering, and Medicine. Biodefense in the age of synthetic biology [M]. Washington, DC: National Academies Press, 2018.
[13] Wei W, Schmidt M, Xu J. Biosafety considerations of synthetic biology: lessons learned from transgenic technology [J]. Current Synthetic Systems Biology, 2014, 2(3): 1-3.